MIX
Papier aus verantwortungsvollen Quellen
Paper from responsible sources
FSC® C105338
FSC
www.fsc.org

Marvin Müller

Partikelschwarmoptimierung

Regionen guter Parameterqualität als Garanten für eine effiziente Problemlösung

Diplomica Verlag GmbH

Müller, Marvin: Partikelschwarmoptimierung: Regionen guter Parameterqualität als Garanten für eine effiziente Problemlösung. Hamburg, Diplomica Verlag GmbH 2013

Buch-ISBN: 978-3-8428-8869-2
PDF-eBook-ISBN: 978-3-8428-3869-7
Druck/Herstellung: Diplomica® Verlag GmbH, Hamburg, 2013

Bibliografische Information der Deutschen Nationalbibliothek:
Die Deutsche Nationalbibliothek verzeichnet diese Publikation in der Deutschen Nationalbibliografie; detaillierte bibliografische Daten sind im Internet über http://dnb.d-nb.de abrufbar.

Hermannstal 119k, 22119 Hamburg
http://www.diplomica-verlag.de, Hamburg 2013
Printed in Germany

Inhaltsverzeichnis

Abkürzungsverzeichnis

DB ....Datenbank

ECM ....Electrochemical Machining

PSO ....Partikelschwarmoptimierung

RgP ....Region guter Parameterqualität

StAbw ....Standardabweichung

ZF ....Zielfunktion

Variablenverzeichnis

a_j ....Wert j aus der Erhebung

$c_{p/g}$ ....Gewichtung des persönlich/ global besten Ergebnisses

d ....Dimension

f ....Dimension der Abtragmenge (ECM)

f* ....Beste Ausprägung der Dimension f

$f(a_j)$ ....relative Häufigkeit von a_j

gbest ....Index des Partikel mit dem global besten Ergebnis

gbestx/-y ....x-/-y-Koordinate des global besten Ergebnisses

g_increment ....Gewichtung des global besten Ergebnisses

$h(a_j)$ ....Absolute Häufigkeit von a_j

n ....Anzahl an statistisch unabhängigen Wiederholungen

p_{id} ....s. pbest; von Partikel i in Dimension d

pbest ....Wert des persönlich besten Ergebnisses

pbestx/-y ....x-/-y-Koordinate des persönlich besten Ergebnisses

p_increment ....Gewichtung des persönlich besten Ergebnisses

presentx/ -y ....Gegenwärtige x-/-y-Koordinate

$\varphi_{p/g}$ ....Gewichtung des persönlich/ global besten Ergebnisses

r ....Zufallsvariable

rand() ....Zufallsvariable

$\tilde{s}$ ....Standardabweichung

$\tilde{s}^2$ ....Varianz

s^2 ....Varianz einer Stichprobe

t	....	Zeitpunkt
U	....	Dimension der Fließgeschwindigkeit des Elektrolyt (ECM)
U^*	....	Beste Ausprägung der Dimension U
V	....	Dimension der angelegten Stromspannung (ECM)
V^*	....	Beste Ausprägung der Dimension V
V_{max}	....	Vektorbegrenzung
v_{id}	....	Vektor Partikel i in Dimension d
vx[][]	....	Vektor
w	....	Gewichtung des aktuellen Vektors
WPBS	....	Gewichtung des persönlich besten Ergebnisses
WGBS	....	Gewichtung des global besten Ergebnisses
$\overline{x}$	....	arithmetisches Mittel
x_{med}	....	Median
x_{mod}	....	Modus
$x_1,...,x_n$	....	Ausprägungen 1-n
Z_1	....	Zielfunktion zur Minimierung der Ungenauigkeit
Z_2	....	Zielfunktion zur Minimierung des Funkenfluges
Z_3	....	Maximierung der Abtragrate
Z	....	Multikriterielle Zielfunktion

Abbildungsverzeichnis

Tabellenverzeichnis

1. Einleitung

Unser Alltag ist geprägt von uns bekannten und als einfach wahrgenommenen kausalen Zusammenhängen, deren Komplexität oft im Detail liegt. Durch das Anlegen von mathematisch formulieren Fragestellungen an solche Phänomene entstehen meist Zielfunktionen, welche nur unter Verwendung mehrerer bis sehr vieler Variablen die Realität im Modell mit hinnehmbarem und/oder beabsichtigtem Informationsverlust abbilden können (Mehr- oder Multidimensionalität). Darüber hinaus kann es zu Zielkonflikten kommen, wie zum Beispiel der klassische Konflikt zwischen Flexibilität und Kosten oder, wie später noch dargestellt werden soll, Arbeitsgeschwindigkeit und Fehlerrate, in denen die einzelnen Ziele über Nebenbedingungen gewichtet werden müssen (=multikriterielle Optimierung). Die Bedeutung solcher Problemstellungen für Wissenschaft und Praxis hat aufgrund ihrer Komplexität vor allem mit dem Einzug der Informationstechnologie und der damit einhergehenden besseren Handhabbarkeit stark zugenommen, da es möglich wurde, genauere Zielfunktionen mit immer mehr Variablen zu lösen. Dennoch existieren auch weiterhin Probleme, deren Umfang die aktuelle Rechenleistung insofern übersteigt, als dass sie nur mit großem bis unmöglich aufwendbarem Rechenaufwand lösbar wären, da die notwendige Rechenzeit als Polynom der Problemkomplexität bei proportionaler Erhöhung von Rechenleistung und Komplexität die benötigte Zeit exponentiell steigen lässt (NP-schwer). Für diese Fragestellungen müssen auch weiterhin Approximationsalgorithmen (weiter-) entwickelt und angewendet werden, um annähernd-optimale Lösungen in angemessener Zeit zu ermitteln. Exemplarisch seien hier der Greedy Algorithmus (Knapsack Problem) sowie die Nearest-Neighbor-Heuristik (Travelling Salesman Problem) als klassische Vertreter genannt.

Der Gegenstand dieser Ausarbeitung soll das von Kennedy und Eberhart Mitte der 1990er-Jahre publizierte Verfahren der Partikelschwarmoptimierung (PSO) sein. Dieser evolutionäre Algorithmus ist zwar in der Lage, Lösungen für Probleme mit mehreren tausend Variablen zu generieren, er bildet jedoch bei der Suche eine Blackbox, welche eine Bewertung der Ergebnisse ohne entsprechende Vergleichswerte unmöglich macht. Aufgrund der Korrelation von angelegten Parametern und Ergebnis kommt der anfänglichen Parameterwahl in diesem Verfahren somit eine gesteigerte Bedeutung zu.

Diese Ausarbeitung wird empirisch beweisen, dass für das betrachtete Problem nach Rao et. al. (2008) sogenannte *Regionen guter Parameterqualitäten (RgP)* existieren, in denen jene Parameter der Partikelschwarmoptimierung liegen, welche zu bestmöglichen Ergebnissen führen. Basierend auf dieser Beobachtung wird gezeigt werden, dass die Kenntnis von der Position einer solchen Region genügt, um eine gezielte Stichprobe im entsprechenden Parameterbereich zu nehmen, um wiederum zu annähernd global-optimalen Ergebnissen zu gelangen. Auf diese Weise wird es weiterhin möglich sein, die von Rao et al. vorgenommene und nicht weiter begründete Parameterwahl auf ihre Qualität hin zu beurteilen. Abschließend wird ein auf Basis dieser Erkenntnisse entwickelter Algorithmus vorgestellt werden, welcher beide Eigenschaften umsetzt und so die Laufzeit der Partikelschwarmoptimierung bei gleichbleibend guten Ergebnissen auf bis zu 0,5% der zuvor durchgeführten Erhebung reduziert.

2. Themenfelder und Grundlagen

In diesem Buch werden sich vor allen drei Bereiche wiederfinden: Die empirische Analyse, die Partikelschwarmoptimierung und das Problemfeld der optimalen Parameterwahl. Letzteres soll in Kapitel 3 anhand einer Problemstellung aus dem Ingenieurbereich geschehen, welche im nächsten Unterpunkt zunächst einführend dargestellt wird. Im Anschluss wird ein Überblick über die Partikelschwarmoptimierung selbst gegeben, so dass danach die Anwendung der PSO auf die Problemstellung durch Rao et al. kurz widergegeben werden kann. Ein Einblick in das Themenfeld der empirischen Analyse wird die notwendigen Grundlagen für eine eigene entsprechende Untersuchung in Kapitel 3 legen und das Kapitel abschließen.

2.1 Elektrochemische Bearbeitung: Prinzip und Modell

Bei metallenen Oberflächen deren mechanische Bearbeitung nicht möglich (zu hart, zu flexibel, zu empfindlich) oder nicht ökonomisch ist, werden seit den 1940er Jahren unkonventionelle Methoden eingesetzt. Rao et al. (2008) nennen hier exemplarisch die chemische, elektrochemische, thermale, und die elektrothermale Bearbeitung.[1] Bei dem hier betrachteten Electrochemical Machining (ECM) wird, auf Grundlage des Phänomens der Elektrolyse nach Faraday von 1833, die Oberfläche eines Objektes nur durch eine chemische Reaktion und ohne physikalischen Kontakt bearbeitet. Das Werkstück fungiert hierbei, wie in Abbildung 1 zu sehen, als Anode, das bearbeitende Werkzeug als Kathode der elektrolytischen Zelle. Die beim Anlegen von elektrischer Spannung entstehende Potentialdifferenz (2-30V) zwischen beiden Elektroden erzeugt eine Wanderung der negativ geladenen Elektronen von der Anode (Werkstück) hin zur positiven Kathode, dem Werkzeug.

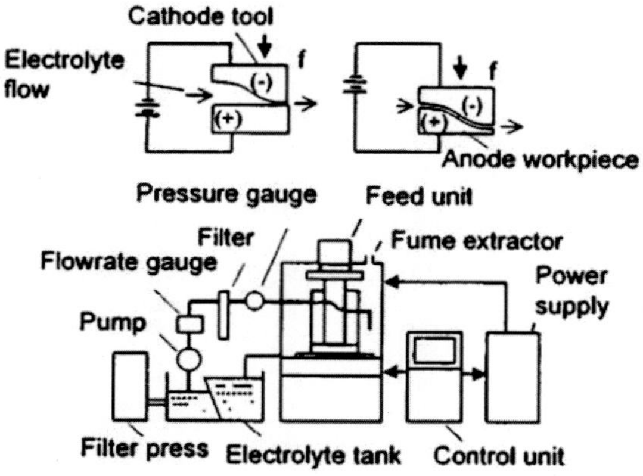

Abbildung 1: Prinzip und Aufbau des ECM[2]

[1] Rao et al. (2008), S. 949
[2] Rao et al. (2008), S. 950

Dadurch wird über die chemische Reaktion die Oberfläche des Werkstückes ohne physikalische Berührung abgetragen. In dem Wasser, welches beide Elektroden als Elektrolyt umgibt, bildet sich Wasserstoff, welcher später im Modell noch relevant sein wird.[3] Rao et al. (2008) sehen die größten Vorteile des Verfahrens vor allem in der großen Bandbreite an bearbeitbaren Materialien, welche nur durch deren chemische Eigenschaften und nicht durch Härte oder andere physikalische Eigenschaften limitiert wird. Wilson führt bereits 1982 die hohe Qualität sowie die vergleichsweise niedrigen Kosten als Vorteile des Verfahrens an.[4] Genau hier sehen erstere jedoch einen großen Nachteil: Während Wilson sich auf die Anschaffungskosten konzentriert und lediglich längere Anlernzeiten für Mitarbeiter und noch nicht ausgereifte Verfahren zur Werkzeugproduktion anführt (Anm. d. Verf.: Dieser Nachteil war in der ersten Fassung fast 40 Jahre vor Rao et al.), sehen Rao et al. den Hauptnachteil in den variablen Kosten, speziell dem hohen Energieverbrauch.[5] Wilson bestätigte bereits den hohen Verbrauch bei seiner Berechnung der operativen Kosten und gibt für den Betrieb eine 12V-Anlage mit einer Stromstärke von 10.000 Ampere an.[6] Genau hierin sehen die Autoren ihren Artikel begründet: Durch die hohen Kosten die das Verfahren verursacht (Anfangsinvestitionen mindestens auf dem Niveau regulärer Maschinen, Stromverbrauch höher) trägt ein optimierter Einsatz durch die daraus resultierenden geringeren variablen Kosten stark zur ökonomischen Umsetzbarkeit des Verfahrens bei. Sie führen dazu drei Zielfunktionen an, welche sie der Arbeit von Acharya et al. (1986) entnommen haben: Die dimensionale Genauigkeit, die Abtragrate und die Werkzeugstandzeit.

1. Genauigkeit

   Abbildung 1 zeigt eine Differenz in den Distanzen zwischen den beiden Elektroden im Bereich des Zuflusses (Y_0) und des Abflusses (Y_1). Diese Differenz bestimmt die Genauigkeit des Verfahrens. Erreicht wird die Maximierung der Genauigkeit über die Minimierung der Ungenauigkeit, definiert durch (Y_0- Y_1).

2. Abtragrate

   Als Produkt der bearbeiteten Fläche und der Abtragmenge des Werkzeuges (im engl.: tool feed rate = f) wird die Abtragrate (im engl.: material removal rate = MRR) bei einer konstanten bearbeitbaren Fläche vor allem durch die Abtragmenge des Werkzeugs bestimmt, so dass für die Maximierung $MRR_{max}=f_{max}$ gilt.

3. Werkzeugstandzeit

   Vor allem beeinflusst durch die Menge der Funken pro cm^2, wird die Haltbarkeit des verwendeten Werkzeugs über die Minimierung des Funkenfluges maximiert.

[3] Wilson (1982), S.12f.
[4] Rao et al. (2008), S. 950. Wilson (1982), S. 4f.
[5] Rao et al. (2008), S. 290. Wilson (1982), S. 7.
[6] Wilson (1982), S. 43f.

Alle drei Zielfunktionen können mit den Dimensionen *Abtragmenge* (f), *Fließgeschwindigkeit des Elektrolyt* (U) und *Angelegte elektrische Spannung* (V) beschrieben werden. Mit Bezug auf Acharya et al. (1986) führen Rao et al. (2008) die folgenden, einzeln optimierbaren Zielfunktionen an:

- Minimierung der dimensionalen Ungenauigkeit

$$Z_1 = f^{0,381067} U^{-0,372623} V^{3,155414} e^{-3,128926} \tag{2.1}$$

- Minimierung des Funkenfluges

$$Z_2 = f^{3,528342} U^{0,000742} V^{-2,52255} e^{0,391436} \tag{2.2}$$

- Maximierung der Abtragrate

$$Z_3 = f \tag{2.3}$$

An den Funktionen ist bereits ersichtlich dass die Ziele konfliktionär sind. Sowohl Z_1 als auch Z_2 stehen in positiver Abhängigkeit zu f, was aufgrund des Minimierungsziels bedeutet, dass f möglichst klein gewählt werden muss. Diese Eigenschaft ist konträr zu dem Maximierungsziel in (2.3) und kommt in der gemeinsamen Betrachtung aller Ziele in der multikriteriellen Zielfunktion Z mit

$$Z = \left(\frac{w_1 Z_1}{Z_{1\min}} \right) + \left(\frac{w_2 Z_2}{Z_{2\min}} \right) - \left(\frac{w_3 Z_3}{Z_{3\max}} \right) \tag{2.4}$$

zum Tragen. Z_{1min}, Z_{2min} und Z_{3max} sind die zuvor bereits in der monokriteriellen Optimierung ermittelten Werte, welche hier als fixe Divisoren fungieren.[7] Z_1-Z_3 werden in der aktuellen Wiederholung durch die PSO ermittelt und bewertet, mit dem Ziel, jene Ausprägungen zu finden, welche zu einem minimalen Z führen. Jene Kombination an Ausprägungen in den Dimensionen f, U und V, die zu diesem Wert führt, stellt die optimale Einstellung der ECM-Parameter dar. Die Variablen w_1-w_3 geben die Möglichkeit einer Gewichtung einzelner Elemente, die Autoren lassen die Elemente jedoch gleichgewichtet, so dass

$$w_1 = w_2 = w_3 = 1 \tag{2.5}$$

gilt. In der Realität unterliegt die Bearbeitung verschiedenen Nebenbedingungen (NB), die in das Modell übernommen werden müssen.

[7] Fix bedeutet in diesem Zusammenhang, dass sie in jeder Wiederholung monokriteriell neu berechnet werden, während der multikriteriellen Optimierung in der aktuellen Wiederholung jedoch konstant sind (vgl. Kap. 2.2).

- Temperatur-NB:

  Die entstehende Temperatur muss unter der Siedetemperatur des Elektrolyts bleiben. Nach Umformungen gelangten die Autoren für den vorliegenden Fall zu der Funktion

$$1-\left(f^{2,133007}U^{-1,088937}V^{-0,351436}e^{0,321968}\right)\geq 0 \tag{2.6}$$

- Passivitäts-NB:

  Zur Vermeidung von Passivität (passive Elemente gehen nicht in Lösung, ein Abtragen der Oberfläche würde somit unterbunden) muss die Schicht aus gasförmigem Sauerstoff dicker sein als die sich im Laufe des Verfahrens bildende passive Schicht. Dafür gilt

$$\left(f^{-0,844369}U^{-2,526076}V^{1,546257}e^{12,57697}\right)-1\geq 0 \tag{2.7}$$

- „Choking"-NB:

  Eine sich bildende Wasserstoffschicht (aus dem oben angesprochenen, sich bei der chem. Reaktion bildenden Wasserstoff) an der Kathode kann den Elektrolytfluss behindern (daher „choking"= engl.: Drosseln, Verstopfen). Zur Vermeidung eines Verstopfens muss die Schicht dünner als die Elektrodenlücke sein, weshalb

$$1-\left(f^{0,075213}U^{-2,488362}V^{0,240542}e^{11,75651}\right)\geq 0 \tag{2.8}$$

  gilt.

Zusätzlich gelten für die Parameter des ECM, und somit auch für die Dimensionen des Modells, folgende quantitativen Grenzen:

$$\begin{aligned} &8\leq f\leq 200\ (\mu m/s)\\ &300\leq U\leq 5000\ (cm/s)\\ &3\leq V\leq 21\ (V) \end{aligned} \tag{2.9}$$

Die von Rao et al. mit der Partikelschwarmoptimierung ermittelten Ergebnisse sollen im Unterpunkt 2.3 nach einer Einführung in das Verfahren in 2.2 dargestellt werden.

2.2 Die Partikelschwarmoptimierung

Das Kernelement dieses Buches ist das Verfahren der Partikelschwarmoptimierung und der Nachweis ihrer Ergebnisbeeinflussung durch extern vorgegebene Parameter, so dass deduktiv aus den Erkenntnissen auf eine globale Möglichkeit der optimierten Parameterwahl geschlossen werden kann. Zur umfassenden Darstellung dieses Kernelements soll in diesem Unterpunkt zunächst auf die Geschichte und die Funktionsweise des Verfahrens eingegangen werden, zwei Bereiche die, wie im

Folgenden zu sehen sein wird, am besten simultan erläutert werden.[8] Im Anschluss wird auf Varianten und Probleme eingegangen werden, bevor die ergebnisbeeinflussenden Faktoren herausgearbeitet werden.

2.2.1 Geschichte und Funktionsweise

Die Partikelschwarmoptimierung ist ein Verfahren zur Optimierung stetiger Funktionen, das Mitte der 1990er Jahre von Kennedy und Eberhart publiziert wurde.[9] Es basiert auf der künstlichen Imitierung von tierischem Schwarmverhalten und ist eher zufällig bei Arbeiten in eben diesem Themenbereich entstanden. Um die Funktionsweise zu erläutern soll der Entstehungsprozess des Verfahrens wiedergegeben werden. Ziel des von Heppner und Grenader (1990) ursprünglich geschriebenen Programmes war das Simulieren der synchronen Bewegungen eines Schwarms ohne das Vorgeben der individuellen Bewegungen.[10] Ziel war das Aufzeigen von Einflussfaktoren, aufgrund derer sich die Angehörigen des Schwarms nahezu einheitlich verhalten ohne dabei zu kollidieren. Sie wurden dazu durch zufällig initialisierte Punkte in einem zweidimensionalen Koordinatensystem repräsentiert (im Folgenden bereits Partikel genannt), von denen jeder einen eigenen (zufälligen) Vektor als Repräsentant von Bewegungsrichtung und -geschwindigkeit zugewiesen bekam.[11] In jedem Durchlauf (=Iteration) bestimmt das Programm für jeden Partikel einen Nachbarn, dessen Vektor von dem fokussierten Partikel übernommen wird. Durch diese einfache Zuweisung wurde eine einheitliche Bewegung erreicht. Um das schnelle Einschlagen einer gemeinsamen und von da an konstanten Richtung zu vermeiden, wurden zufällig ausgewählte Vektoren willkürlich verändert (laut Heppner und Grenader (1990) auch, um Einflüsse wie Wind oder andere Störfaktoren zu simulieren), wodurch ein „lebensechtes" Schwarmverhalten simuliert werden konnte.[12]

Laut Heppner und Grenander zeigten die Partikel, welche sie in Anlehnung an die beabsichtigte Ähnlichkeit auch „Vögel" nannten, ein bestimmtes, von den Parametern abhängiges Verhalten, wie zum Beispiel das Fliegen im Kreis um eine bestimmte Stelle herum und ein anschließendes Bewegen durch den Raum, wobei Partikel, welche sich nicht in der Menge befanden, „eingesammelt" und in den Schwarm aufgenommen wurden.[13]

---

[8] Dieses Vorgehen ist dem Paper von Kennedy und Eberhart (1995) entnommen und wird im Folgenden beibehalten.
[9] Kennedy, Eberhart (1995); Für die Definition von „stetig" vgl. S. 21
[10] Heppner, Grenender (1990), S. 233, Ausschluss der externen Einflüsse auf S. 234, Modelleigenschaft (viii).
[11] Der Name „Partikel" wird erst am Ende des Papers von den Autoren eingeführt und gründet auf der Idee, dass Begriffe wie „Geschwindigkeit" und „Beschleunigung" eher zu Partikeln passen als zu Punkten, auch wenn hierzu akzeptiert werden muss, dass der, in der Vorstellung, mit Masse und Größe belegte Begriff „Partikel" nicht perfekt zu den masse- und größelosen Teilnehmern des virtuellen Schwarms passt. Die Namensgebung wird von den Autoren selbst als „Kompromiss" bezeichnet. Vgl. Kennedy, Eberhart (1995), S. 1947.
[12] Frei Übersetzt nach der Formulierung von Kennedy, Eberhart (1995), S. 1944; Heppner, Grenander (1990), S. 234.
[13] Heppner, Grenander (1990), S. 235.

Aus dieser Beobachtung resultierte die erste Abwandlung der Ursprungsimulation: Ein Punkt, repräsentiert durch seine X- und Y-Koordinate, sollte als simulierte Futterstelle von den Partikeln gemeinsam gefunden werden. Dazu glich jeder von ihnen seine gegenwertige Position mit der Funktion

$$\text{Eval} = \sqrt{(\text{presentx} - 100)^2} + \sqrt{(\text{presenty} - 100)^2} \tag{2.10}$$

ab, bei welcher geringere Werte als besser bewertet werden.[14] Es ist leicht zu erkennen, dass in dieser ersten, noch ohne Nebenbedingungen zu minimierenden Zielfunktion die Position (100; 100) angestrebt werden soll. Die Suche nach Vektoren, die letztendlich in der gesuchten Position enden sollen, lässt sich für jede Iteration in zwei Bereiche unterteilen. Zum einen speichert jeder Partikel für sich im Verlauf der Iterationen seine persönlich beste Position, also jene Koordinaten, die eingesetzt in die Funktion (*x=presentx*, *y=presenty*) den geringsten Funktionswert ergeben haben. Sie erhielt den Namen *pbest* mit den Koordinaten *pbestx[]* und *pbesty[]*. Durch das Einsetzen des Partikelindex in die Klammer wird der entsprechende Wert ausgegeben. Zum anderen ist allen Partikeln jene Position bekannt, die von allen bisher gefundenen Positionen aller Teilnehmer des Schwarms das global beste Ergebnis hervorgebracht hat. Bekannt bedeutet in diesem Kontext, dass dadurch, dass der Index des Partikels mit dem temporär global-minimalen *pbest*-Wert der Variable *gbest* zugewiesen wird, die global beste Position jederzeit über *pbest[gbest]* für alle abrufbar ist. Gleiches gilt für ihre Koordinaten mit *pbestx[gbest]* und *pbesty[gbest]*. Beide Positionen beeinflussen den zukünftigen Vektor auf die gleiche Weise: Liegt die gegenwärtige Position (i.S.v. Ausprägung der Koordinate) über der bekannten besseren, so wird der entsprechende Vektorwert um eine gewichtete Zufallszahl reduziert. Liegt sie darunter, wird der Wert addiert.[15] Für die Simulation ergeben sich also in jeder Iteration die folgenden Anpassungen für den Vektor *v* in den Dimensionen X (=*vx*) und Y (=*vy*):

[14] Kennedy, Eberhart (1995), S. 1944.

[15] Bei der X-Koordinate sprechen Kennedy und Eberhart (1995) anschaulicher von rechts und links, bzw. bei der Y-Koordinate bei darüber und darunter.

```
if presentx[]>pbestx[] then vx[]=vx[]-rand()*p_increment
if presentx[]<pbestx[] then vx[]=vx[]+rand()*p_increment
if presenty[]>pbesty[] then vy[]=vy[]-rand()*p_increment
if presenty[]<pbesty[] then vy[]=vy[]+rand()*p_increment
```

(2.11)[16]

```
if presentx[]>gbestx[gbest] then vx[]=vx[]-rand()*g_increment
if presentx[]<gbestx[gbest] then vx[]=vx[]+rand()*g_increment
if presenty[]>gbesty[gbest] then vy[]=vy[]-rand()*g_increment
if presenty[]<gbesty[gbest] then vy[]=vy[]+rand()*g_increment.
```

Das Ergebnis war nach Kennedy und Eberhart (1995), ein sich auf den entsprechenden Punkt „stürzener" Schwarm bei hohen Werten für *p_increment* und *g_increment*, sowie ein in synchronen Kleingruppen um den Punkt kreisender und letztendlich „auf im landender" Schwarm bei niedrigen Werten.[17] Durch diese Erweiterung wurde nicht nur die Weitergabe von Wissen simuliert, sondern auch eine erste leichte Zielfunktion gelöst.

Im Anschluss wurden inzwischen überflüssige Variablen identifiziert und entfernt, wie zum Beispiel die zufällige Veränderung von gefundenen Vektoren. Im Originaltext war bis zu diesem Zeitpunkt von *flock* die Rede, also ein Schwarm in Bezug auf Vögel, resultierend aus dem ursprünglichen Ziel des Programmes. Durch die Abschaffung der *craziness* genannten zufälligen Veränderung des Vektors wurde der (Anm. des Verf.: im deutschen einfach nur) Schwarm durch sein optisches Verhalten zu einem *swarm*, also eine Form des Schwarms, dem etwas mehr der ausschwärmende und sich verteilende Charakter anhaftet als dem vorher verwendeten Begriff. Mit Bezug auf die fünf Kriterien der *swarm intelligence* von Millonas (1994) begründen die Autoren den Begriff *swarm* als passenden Ausdruck für die Menge der initialisierten Partikel, so dass sich, zusammen mit der zuvor erläuterten Begründung für den Namen *„particle"*, für das Verfahren der Name *particle swarm optimization*, im Deutschen *Partikelschwarmoptimierung*, ergibt.[18] Die Variablen *pbest* und *gbest* blieben als bedeutende Bestandteile bestehen und werden bis heute in der Literatur verwendet, oft auch bezeichnet als kognitive- (also wahrnehmungs-) bzw. soziale Variable.[19] Nach dieser Verschlankung und dem vorher erbrachten Beweis für die Funktionalität bei zweidimensionalen Problemen wurde das Verfahren von Kennedy und Eberhart für mehrdimensionale Problemstellungen durch das Erweitern der eindimensionalen Arrays zu D×N-Matrizen verallgemeinert und an gängigen Problemstellungen

[16] Frei nach Kennedy, Eberhart (1995), S. 1944. Die Darstellungsform orientiert sich an gängigen Programmiersprachen und wird hier als bekannt vorausgesetzt. Literaturbeispiel zum Nachlesen: Eller (2010), S. 151ff. g_increment = Gewichtung des global besten Ergebnisses; p_increment = Gewichtung des persönlich besten Ergebnisses.

[17] Vgl. Kennedy, Eberhart (1995), S. 1944.

[18] Kriterien der *swarm intelligence* nachzulesen in Millonas (1994), S2f. Frei interpretiert begründen die Autoren mit diesem Vergleich eine Ähnlichkeit zwischen ihrer künstlichen Intelligenz und einem Schwarm, welche mit der Ähnlichkeit von tatsächlich bionischen Lösungen und ihren biologischen Vorbildern vergleichbar ist.

[19] Vgl. z.B. Rao et al. (2008), S. 953. Bergh, Engelbrecht (2005), S.939

erfolgreich getestet.[20] In einem letzten Schritt erfolgte, zur besseren Nachvollziehbarkeit der Partikelbewegungen und zur Performancesteigerung, eine Anpassung der Einflussnahme des persönlich besten und des global besten Ergebnisses auf den individuellen Vektor. Im Gegensatz zum oben beschriebenen Verfahren sollte nun nicht nur die Ungleichheit der dimensionalen Ausprägungen ausschlaggebend sein, sondern es sollte auch die Distanz in die Berechnung eingehen. Der Vektor für t+1 wird damit für alle Dimensionen durch die Funktion

$$vx[][] = vx[][] + rand() * p\_increment * (pbestx[][] - presentx[][]) \qquad (2.12)$$

berechnet, wobei x allgemein für die Dimension steht.[21] Die gewichtete Zufallszahl, welche in der Vorgängerversion den Vektor abändern sollte, gewichtet nun die Distanz. Durch die Möglichkeit von positiven und negativen Distanzen (im Koordinatensystem) genügt diese eine Funktion für alle Positionen und reduziert somit die Anpassung aus (2.11) von vier auf eine Zeile pro Dimension. Die in diesem Paper nicht explizit erwähnte aber später als die Grundformel der Partikelschwarm-Vektorsuche akzeptierte Version berücksichtigt darüber hinaus den global besten Wert als Einflussfaktor:

$$\begin{aligned} vx[][] = {} & vx[][] + rand() * p\_increment * (pbestx[][] - presentx[][]) \\ & + rand() * g\_increment * (pbestx[][gbest] - presentx[][]) \end{aligned} \qquad (2.13)$$[22]

Im Werk von Kennedy und Eberhart (2001) wird die Funktion

$$v_i(t) = v_{id}(t-1) + \varphi_p(p_{id} - x_{id}(t-1)) + \varphi_g(p_{gd} - x_{id}(t-1)) \qquad (2.14)$$

als Ausgangsfunktion verwendet, in der folgende Variablenzuordnung gilt:

(2.15)

vx[][]	=	v_i bzw. v_{id}
pbestx[][]	=	p_{id}
gbestx[][]	=	p_{gd}
presentx[][]	=	x_{id}

für i = Index des Partikels = $i \in [1;I]$ und d = Index der Dimension = $d \in [1;D]$.[23]

---

[20] D steht hier für die Dimensionen und N für die Anzahl an Partikeln. Für die Problemstellungen vgl. Kennedy, Eberhart (1995), S. 1945.

[21] Kennedy, Eberhart (1995), S. 1945.

[22] Vgl. z.B Bergh, Engelbrecht (2005), S. 939. Shi, Eberhart (1998), S. 69.

[23] Kennedy, Eberhart (2001), S. 296. Der Index der Zufallszahl ist verallgemeinert worden.

φ ist hier eine Mischform aus p_- bzw. g_increment und rand(), so dass die Variable eine zufällig initialisierte Konstante repräsentiert. Auf diese Weise umgehen die Autoren das Problem der optimalen Parametereinstellung mit der Argumentation, dass über den Zufall mal bessere und mal schlechtere Kombinationen probiert werden. φ ist dabei Normalverteilt im Bereich [0,2]. Rao et al., deren Paper als Basis dieser Ausarbeitung später noch dargelegt werden soll, nutzen jedoch die parametrisierte Variante, in der Zufall und Gewichtung voneinander getrennt existieren. Es gilt

p_increment = c_1

g_increment = c_2 und

rand() = $r_{p\ bzw.\ g}$,

wobei auch hier die Werte durch 1=p und 2=g verallgemeinert werden sollen.[24] Des Weiteren findet sich hier eine als *inertia weight* bezeichnete Variable, die auf ein Paper von Shi und Eberhart (1998) zurück geht und den Vektor der vergangenen Iteration gewichtet. Mit

inertia weight = w, für $w \in [0;1]$

gilt somit

$$v_i(t) = wv_{id}(t-1) + r_p c_p (p_{id} - x_{id}(t-1)) + r_g c_g (p_{gd} - x_{id}(t-1)) \qquad (2.16)$$

als neue und hier zugrunde gelegte Vektorfunktion.[25] Die Veränderbaren Anteile der Funktion werden im Folgenden als Parameter bezeichnet, wobei ein weiterer Verweis auf die PSO unterbleibt. Zur besseren Unterscheidung werden die ECM-Parameter f, U und V als (ECM-)Dimensionen bezeichnet.

2.2.2 Ergebnisbeeinflussende Faktoren

Wie im letzten Abschnitt dargestellt, werden die Kernelemente der Vektorsuche in der Funktion (2.15) mit den Werten w, c, und r multipliziert. Mathematisch wird hier ersichtlich, dass die Ausprägungen dieser Werte einen signifikanten Unterschied in Bezug auf das Ergebnis herbeiführen können, da zum Beispiel die Ausprägung Null ganze Bereiche eliminieren kann. Nicht ersichtlich ist jedoch, welchen Einfluss die Ausprägungen der einzelnen Werte im Einzelnen haben können und welche Veränderungen das Wechselspiel der Variablen verursachen kann, da nicht der einzelne Vektor sondern die Summe aller Vektoren, oft über viele Iterationen hinweg, das Absuchen des Lösungsraumes beschreibt, so dass die Auswirkungen der Faktoren erst sukzessive im Laufe der Iterationen

[24] Mit $C=c_p+c_g$

[25] Rao et al. (2008), S. 953; Shi, Eberhart (1998), Funktion (1a). Die bei Shi und Eberhart abgebildete Funktion ist variablentechnisch eine Mischform der hier dargestellten Funktionen. Sie gibt jedoch genau den Inhalt von Funktion (1.6) wieder.

ersichtlich werden. Zur besseren Darstellung soll deshalb mit der isolierten Betrachtung der Gewichtung, oder auch „des Beschleunigungsfaktors", c begonnen werden. Dazu gilt bis auf weiteres w=r=1. Angenommen $x_{id}(t-1)$ ist die gegenwärtige Koordinate des Partikels i in der Dimension d zu dem Zeitpunkt, in dem die Koordinate für den Zeitpunkt t berechnet werden soll, und v_{id} ein Vektor für Partikel i in der Dimension d, so gilt für t

$$\begin{aligned} & x_{id}(t) = x_{id}(t-1) + v_{id}(t), \text{ mit} \\ & v_{id}(t) = v_{id}(t-1) + c_p(p_{id} - x_{id}(t-1)) + c_g(p_{gd} - x_{id}(t-1)) \end{aligned} \tag{2.17}$$

Es ist offensichtlich, dass sich der Partikel bei einer Ausprägung von $c_p=c_g=0$ linear bewegt, da bei $v_{id}(t)=v_{id}(t-1)+0$ und der oben genannten Funktion für x in t der aktuellen Koordinate der Vektor aus t-1 hinzugefügt wird, was bei diesem Sonderfall immer $v_i(t)=v_i(0)$ wäre. Zur störungsfreien Analyse des Verhaltens bei Gewichtungen von c>0 haben Kennedy und Eberhart (2001) ein vereinfachtes System mit nur einem Partikel und einer Dimension untersucht. Die genannte Annahme von w=r=1 eliminiert die beiden Variablen. Für dieses System gilt somit

$$\begin{cases} v_{id}(t) = v_{id}(t-1) + \varphi(p_{id} - x_{id}(t-1) \\ x_{id}(t-1) = x_{id}(t-1) + v_{id}(t) \end{cases}, \tag{2.18}$$

wobei die Gewichtung des besten Nachbarschaftsergebnisses aufgrund der fehlenden Nachbarn entfällt. In diesem vereinfachten System gilt gemäß der Quelle und zur besseren Unterscheidung von dem vollständigen System die Variablenbezeichnung φ =c.

Innerhalb dieses Modells konnten die Autoren, auf Basis eines Papers von Ozcan und Chilukuri (1999), erkennen, dass sich der Partikel bei einem sehr klein gewählten φ in weiten aber regelmäßigen Bahnen um das bekannte Optimum (in diesem Fall 0) bewegt (vgl. Abbildung 2). Wird der Wert φ erhöht, so werden die Zyklen kürzer und kleiner, wie in Abbildung 3 zu sehen ist. Anhang 1 und 2 zeigen die graphischen Ergebnisse von Kennedy und Eberhart für $\varphi \in]0;4]$. Auffällig ist hier, dass die Vektorgrößen schon ab einem φ = 0,1 in fast jedem Schritt von der später noch genauer zu beschreibenden maximalen Vektorgröße (V_{max}), in diesem Fall 2, limitiert werden. Zu beobachten ist hier vor allem die Regelmäßigkeit in Bezug auf die Richtungsänderungen und Schrittlängen des Partikels. Aufgrund dieser Beobachtung von Ozcan und Chilukuri (1999) beziehen sich Kennedy und Eberhart auch auf deren Terminus, „(that) the particles does not ‚fly' through the search space, but rather ‚surfs' it on sine waves".[26] Erstgenannte Autoren geben auch bereits 1999 einen Ausblick auf die Möglichkeit einer just-in-time-Anpassung der Suchkriterien durch die Partikel selbst um die

[26] Ozcan, Mohan (1999), S. 1943.

Ergebnisse zu verbessern. Eine Technik, die erst später, wie im nächsten Unterpunkt zu lesen ist, umgesetzt wird.

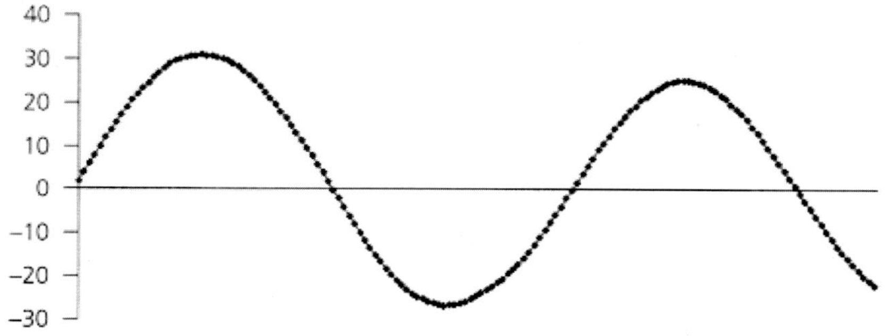

Abbildung 2: Partikelbewegungen in einer Dimension nach Position im Zeitablauf bei C=0,01[27]

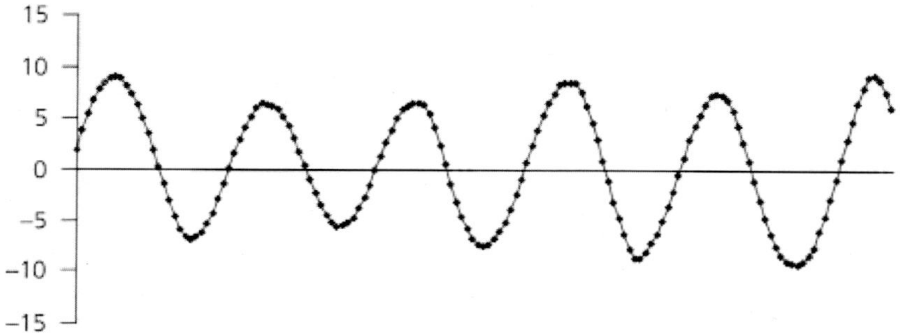

Abbildung 3: Partikelbewegungen in einer Dimension nach Position im Zeitablauf bei C=0,1[28]

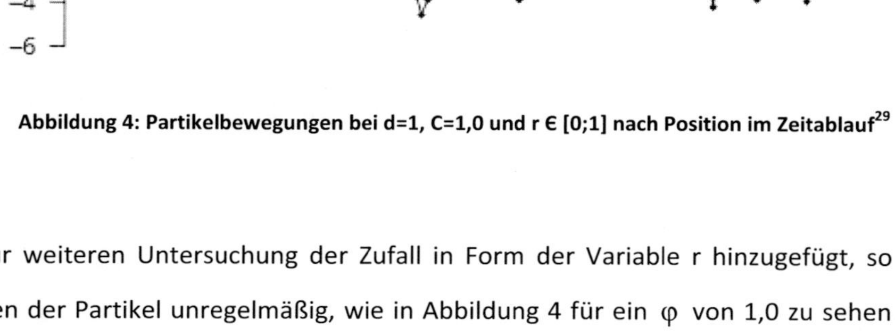

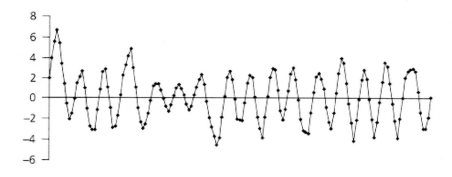

Abbildung 4: Partikelbewegungen bei d=1, C=1,0 und r ∈ [0;1] nach Position im Zeitablauf[29]

Wird φ zur weiteren Untersuchung der Zufall in Form der Variable r hinzugefügt, so werden die Bewegungen der Partikel unregelmäßig, wie in Abbildung 4 für ein φ von 1,0 zu sehen ist.[30] Neben

[27] Kennedy Eberhart (2001), S. 332.
[28] Kennedy Eberhart (2001), S. 332.
[29] Kennedy Eberhart (2001), S. 333.

dieser, gewollten, Unstetigkeit kann es jedoch auch zu einem in der Literatur oft diskutierten und von daher auch in dieser Einführung relevanten Problem der Parameterwahl kommen: Die sogenannte *Explosion*. Verhält sich ein Partikel wie oben beschrieben bei bestimmten Parametern zyklisch, so kann eine Zufallsgewichtung des φ durch die „energieaddierende" Wirkung auf die Partikelbewegungen durch r zu explosionsartig ansteigenden Vektorenwerten führen, welche theoretisch unbegrenzt ansteigen können.[31] Abbildung 5 zeigt einen Fall von Kennedy und Eberhart (2001), in dem die Partikelbewegung bei Iteration 150 Schrittlängen von $\pm 10^9$ annimmt, bei einer Suche nach einem fixierten Optimum im Nullpunkt.[32] In einem solchen Fall können die Partikel schnell den zulässigen Lösungsraum verlassen und damit in jeder weiteren Iteration durch die Nebenbedingungen des Optimierungsproblems abgelehnt werden oder das Optimum ständig mit Distanzen überfliegen, die keine guten Ergebnisse aus der Peripherie des Optimums mehr erreichen. Sie werden somit für das Verfahren nutzlos oder blockieren, je nach Programmierung, das komplette Optimierungsprogramm.[33] Traditionell wurde diesem Problem durch die Limitierung der zulässigen Vektorgröße durch einen Wert V_{max} begegnet, so dass gilt

$$\begin{aligned}&\text{if } v_{id} > V_{max} \text{ then } v_{id} = V_{max}\\&\text{else if } v_{id} < -V_{max} \text{ then } v_{id} = -V_{max}\end{aligned} \qquad (2.19)$$[34]

Durch den zusätzlichen stochastischen Einfluss werden wie in Abbildung 6 zu sehen, mehr oder weniger gleichmäßige Partikelbewegungen in einem bestimmten Wertespektrum erzeugt.

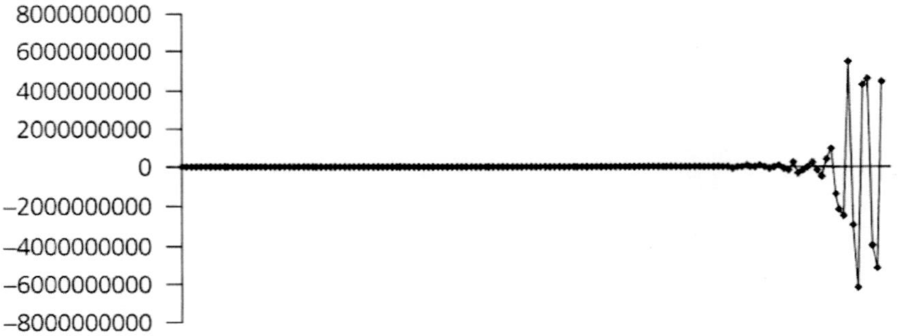

Abbildung 5: Bewegung eines einzelnen Partikels bei d=1, ohne V_{max}[35]

[30] Anhang 1 zeigt mit der Abbildung für φ=1,0, dass diese Veränderung keine Folge der höheren Gewichtung sondern des stochastischen Einflusses sind. φ □ C

[31] Kennedy, Eberhart (2001), S. 337. Clerc, Kennedy (2002), S. 58. Der Effekt kann laut den Autoren auch für Werte von C>4 entstehen. Vgl. hierzu S.334.

[32] Kennedy Eberhart (2001), S. 330.

[33] Vgl. Kapitel 3.

[34] Kennedy, Eberhart (2001), S. 329.

[35] Kennedy, Eberhart (2001), S. 330.

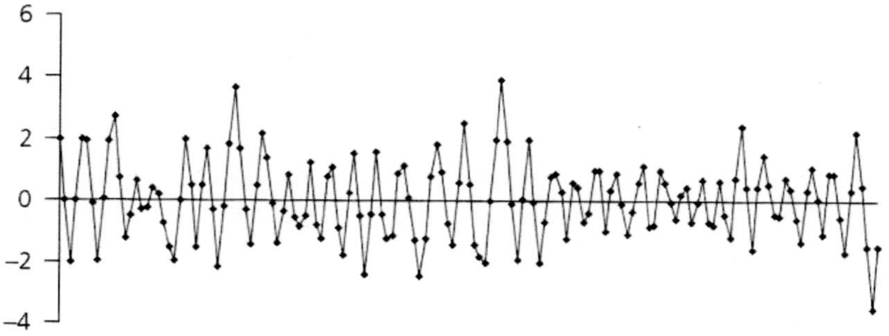

Abbildung 6: Bewegung eines einzelnen Partikels bei d=1, mit V_{max}[36]

Kennedy und Eberhart (2001) sowie Clerc und Kennedy (2002) beschreiben Methoden der Parameterwahl, welche einen starken Anstieg der Vektoren verhindern und, bei gleichen externen Bedingungen, sogar eine Konvergenz herbeiführen sollen. Da das später verwendete Programm die V_{max} - Restriktion verwendet, soll hier lediglich auf diese Untersuchungen verwiesen werden.

Das letzte schon angesprochene Element der vollständigen Funktion ist die, im deutschen, Massenträgheitsvariable w, welche bestimmt, wie stark die bereits eingeschlagene Bewegungsrichtung ($v_{id}(t-1)$) im nächsten Schritt berücksichtigt, also gewichtet werden soll. Allgemein lässt sich sagen, dass ein w>1 zu einem divergierenden Verhalten der Partikel führt, da die Geschwindigkeiten immer größer werden und ein Umkehren zu schon gefundenen guten Parameterregionen zunehmend erschweren. Ein w<0 hingegen lässt die Geschwindigkeit, in Abhängigkeit von den Beschleunigungskoeffizienten, stetig sinken, was eine Tendenz hin zu schon erforschten Regionen verstärkt und die Gefahr einer mangelnden Absuche des Lösungsraumes birgt.[37] Shi und Eberhart (1998) testeten verschiedene Kombinationen von V_{max} und w auf ihre Fähigkeit, das optimale Ergebnis in minimaler Zeit zu finden. Die Begründung ist, dass zu geringe V_{max} -Werte ebenfalls die Explorationsfähigkeit des Verfahrens beschränken, ähnlich dem w<0. Das Benchmark wurde an Schaffers f6-Funktion durchgeführt mit dem Ergebnis, dass sich für geringe V_{max} -Werte ein w=1 und für höhere V_{max}-Werte ein w=0,8 bewährt hat. Die Autoren verweisen vor allem auf die Möglichkeit, w im Laufe der Iterationen sinken zu lassen, um so einen Explorationscharakter zu Beginn und einen Exploitationscharakter gegen Ende zu erzielen. Von einer solchen Anwendung versprechen sich Shi und Eberhart bessere Ergebnisse.[38] Bergh und Engelbrecht (2006) sahen den Zusammenhang der Massenträgheitsvariable eher mit den Beschleunigungskoeffizienten c und führen eine Parameterkombination von

---

[36] Kennedy Eberhart (2001), S. 330.
[37] Bergh, Engelbrecht (2006), S.941.
[38] *Exploitation = engl.: Ausbeutung;* Gegenstück zur *„Exploration"* = engl.: Erkundung.

$w=0{,}7298$

$c_{p/g}=1{,}49618$

an.[39] Damit liegen sie relativ nah an der Parameterwahl von Rao et al. ($w=0{,}65$; $c_p=1{,}65$; $c_g=1{,}75$), was ein Indiz für einen Bereich im Parameterraum sein könnte, in dem vermehrt gute Kombinationen auftreten.

Alles in allem lässt sich mit Blick auf die Parameterwahl sagen, dass sie in verschiedenen Fällen unterschiedlich vorgenommen wird und damit problemabhängig zu sein scheint. Dadurch muss sie zur Generierung guter Lösungen für jede Problemstellung neu ermittelt werden. Wie das letzte Beispiel zeigt ist es jedoch nicht auszuschließen, dass es Bereiche gibt, in denen häufiger gute Lösungen gefunden werden können.

2.2.3 Vereinfachungen und Abwandlungen

Allein die bis 2004 gepflegte Website zum Thema *swarm* intelligence listet in einer Bibliographie beginnend mit dem Werk von Kennedy und Eberhart (1995) 316 Paper und Bücher zum Thema Partikelschwarmoptimierung auf.[40] Deshalb sollen in diesem Unterpunkt lediglich gängige Vereinfachungen und Themengebiete für Abwandlungen angesprochen werden, welche die Einordnung eigener Erkenntnisse in Kapitel 3 in den Gesamtkontext der wissenschaftlichen Ansätze im Bereich PSO erleichtert.

Schon Kennedy und Eberhart führen in ihrem ersten Paper Vereinfachungen ihres Verfahrens an. Um die im letzten Unterpunkt angesprochene Problematik der korrekten Parameterwahl zu umgehen, ersetzen sie in einer Version die Gewichtung von *pbest* und *gbest* durch den Faktor 2 und verweisen auf zukünftige Forschungen zum Thema Parameterwahl. Folge dieser verdeckten Parameterwahl von

$$p\_increment = g\_increment = 2 \tag{2.20}$$

ist, dass die Partikel den Lösungsraum mit der doppelten Geschwindigkeit einer Vektorformel ohne Faktor absuchen und dass keine weitere Parameterwahl mehr vorgenommen werden muss. Es gilt dauerhaft $\varphi=4$.[41]

Clerc und Kennedy (2002) gehen noch einen Schritt weiter und fixieren ausgehend von der Funktion in (2.15) den Masseträgheitsmoment auf einen konstanten Wert der, und das ist der Unterschied zu

---

[39] Bergh, Engelbrecht (2006), S.941.

[40] Vgl. *http://swarmintelligence.org/bibliography.php;* Autor ist Dr. Xiaohui Hu der selbst einige Paper mit Eberhart veröffentlicht hat. Vgl. hierzu *http://swarmintelligence.org/xhu.php*

[41] Mit $\varphi=\varphi_p+\varphi_g$.

der letzten Vereinfachung, nicht zwingend bei w=1 liegen muss.[42] Auf diese Weise kann, bei weiterhin fixiertem C, der Einfluss dieser Variable auf das Ergebnis untersucht werden.

Eine Abwandlung des Standard-PSO-Verfahrens beschreibt Clerc (2008). In einem Paper untersucht er die Auswirkungen der Initialisierungsmethode auf das Ergebnis bei gleicher Parameterwahl und konnte zeigen, dass eine verteilungsbasierte Initialisierung der Partikel zu Beginn des Verfahrens ebenso zu einer Verbesserung des Ergebnisses führen kann, wie eine andere Form der Vektorsuche.

Auswirkung auf das Ergebnis hat auch das „soziale Verhalten" der Partikel, definiert durch die Menge an anderen Partikeln, von denen ein Teilnehmer des Schwarms Informationen über ein temporäres globales Optimum erhält. Verschiedene Ansätze wurden z.B. von Kennedy (1999), Sugantan (1999) oder Kennedy und Mendes (2002) angeführt. Eine vollständige Nachbarschaft, wie oben als Teil des Verfahrens beschrieben und als *gbest-Nachbarschaft* bekannt, sorgt für eine zeitgleiche Verbreitung des Wissens über ein neu gefundenes, globales Optimum in der gesamten Population. Bei kleineren Distanzen kann das dazu führen, dass alle Partikel, wie bei der oben beschriebenen ursprünglichen Schwarmsimulation bei hohen Gewichtungen, schnell das temporäre Optimum ansteuern. Das Problem hierbei ist, dass dadurch der Suchraum nicht vollständig erforscht wird und bessere Lösungen unter Umständen nicht entdeckt werden. Kleinere Nachbarschaften zu nur einer Teilmenge der Population verlangsamen den Informationsfluss durch die Gesamtmenge umgekehrt proportional zur Größe der Teilmenge. Dies führt zwar zu einer besseren Abdeckung des Lösungsraumes mit Suchpfaden, verringert jedoch auch die Menge der suchenden Partikel im Raum des tatsächlichen, globalen Optimum sobald es entdeckt ist, mit entsprechenden Auswirkungen vor allem bei niedrigeren Iterationen.[43] Zur optimalen Suche ist hier die Kombination mit einer passenden Parameterwahl unverzichtbar. So könnten zum Beispiel explorierende Partikel aus kleinen Nachbarschaften hohe Parameter bekommen, die es ihnen erlauben schnell einen großen Teil des Lösungsraumes abzusuchen, während die „ausbeutenden" Partikel aus großen Nachbarschaften mit geringeren Parametern die Umgebung der gefundenen Lösung absuchen. Dieser dynamische Ansatz findet sich vor allem bei parameterlosen Varianten wieder, welche die wahrscheinlich stärkste Veränderung des Algorithmus darstellen.

Clerc (2003) beschreibt z.B. seinen *TRIBE*-Ansatz, dem die Idee zu Grunde liegt, dass ein Programm die Parameterwahl selbst vornimmt, mit dem Ziel, über die Selbstbestimmung von Gewichtung und Zeitpunkten der Partikelinitiierung durch das Programm hinreichend gute Lösungen zu generieren.[44] Clerc versteht den Ausdruck *hinreichend gute Lösung* in diesem Zusammenhang als ein Ergebnis, dass

[42] Clerc, Kennedy (2002), S. 59.
[43] Vgl. Kennedy, Mendes (2002).
[44] Vgl. Clerc (2003).

vielleicht nicht zwingend optimal, aber auch niemals wirklich schlecht ist.[45] Insgesamt überträgt er in seinem Ansatz die Entscheidungsgewalt über alle ergebnisbeeinflussenden Faktoren dem Programm: Das variable Initiieren und Löschen von Partikeln, die Definition der jeweiligen Nachbarschaften und die Festlegung der Gewichtungen während dem Verfahren selbst. Der Vorteil eines solchen Verfahrens ist, dass die, im letzten Unterpunkt beschriebene, große Abhängigkeit der Lösung von der angelegten Parameterwahl aufgelöst wird, da sich das Programm der vorliegenden Problemstellung selbstständig anpasst. Der Anwender benötigt dadurch nicht länger verfahrensspezifisches Wissen zur Anwendung des Programmes und muss auch keine zeitaufwendige Evaluation der korrekten Parameterwahl für dieses spezifische Problem durchführen. Dafür muss sich der Anwender jedoch mit der angesprochenen „hinreichend guten Lösung" anstelle der unter Umständen optimalen zufrieden geben. Clerc zeigt anhand einiger Bespiele, dass die Ergebnisse eines TRIBE-Algorithmus mindestens genauso gut, meistens sogar besser sind als jene, die mit der klassischen Partikelschwarmoptimierung (CPSO) erzielt wurden. Er verpasst es jedoch, in seinem Paper auf die angelegten Parameter der CPSO einzugehen, so dass nicht abschließend gesagt werden kann, ob die TRIBES dem Vorgänger überlegen sind oder ob eine falsche Parameterwahl bei der CPSO zu schlechten Referenzergebnissen geführt hat. Was jedoch ersichtlich ist, ist die Tatsache, dass bei diesem Verfahren zumindest ähnlich gute Werte erzielt werden können und das anwenderfreundlich ohne jegliches Wissen über die Ausbalancierung der Parameter.

2.3 Betrachtung der PSO-Parameterwahl zur Lösung des ECM-Problems nach Rao et al.

Die Autoren verwenden die Partikelschwarmoptimierung zur Lösung des mehrdimensionalen und multikriteriellen ECM-Problems und präsentieren die ermittelten Ergebnisse mit dem Ziel, die Überlegenheit der PSO gegenüber anderen, für diese Problemstellung bereits verwendeten, Verfahren zu beweisen. Wie in der Einleitung beschrieben soll ein Ziel dieser Untersuchung sein, die dabei angelegten PSO-Parameter auf ihre Qualität hin zu überprüfen, da die Autoren nicht genauer auf deren Ermittlung eingegangen sind. Bei der Betrachtung der vorgeschlagenen Zielfunktionswerte für das ECM-Modell aus Kapitel 2.1 in Tabelle 1 fällt vor allem die starke Veränderung der multikriteriell ermittelten Werte zu den monokriteriellen Ergebnissen auf. In Tabelle 2 sind die resultierenden ECM-Parameter für die monokriterielle Minimierung der Ungenauigkeit und für die multikriterielle Minimierung von Z angegeben. Die Werte von f und U sind konstant, was bedeutet, dass nur die höhere Spannung diese Wertveränderungen herbeigeführt haben kann. Höhere Spannung führt neben der größeren Ungenauigkeit auch zu weniger Funkenflug dessen (im wertenden Sinne)

[45] Clerc (2003), S. 2; Anm. d. Verf.: Das vorliegende Originaldokument besitzt keine Seitenzahlen. Diese ergeben sich erst, wenn man sie selbstständig einfügt.

positiver Einfluss auf die kombinierte Zielfunktion in diesem Fall größer ist.[46] Beim probeweisen Einsetzen der von den Autoren ermittelten Werte ergibt sich jedoch

$$Z = \frac{z_1}{z_{1min}} + \frac{z_2}{z_{2min}} - \frac{z_3}{z_{3max}} = \frac{39{,}34}{15{,}452} + \frac{3{,}39}{1{,}055} - \frac{8}{25} = 2{,}5456 + 3{,}2133 - 0{,}32 = 5{,}4389,$$

was bedeutet, dass der sich ergebende Wert ziemlich genau drei Mal höher ist als der im Paper angegebene Minimalwert. Der einzige mögliche Grund ist, dass, wie im Verfahren vorgesehen, die monokriterielle Optimierung in jeder Wiederholung erneut vorgenommen wird und die aktuellen Werte für Z_{1min}, Z_{2min} und Z_{3max} übernommen werden. So waren die monokriteriellen Ergebnisse vermutlich schlechter, wodurch die Gesamtfunktion besser wird (da diese Ergebnisse den Divisor darstellen). Im Paper wird dies jedoch so nicht erwähnt und lässt damit die Fragen offen, ob es nicht doch noch bessere Ergebnisse gibt und ob die kombinierte Zielfunktion überhaupt aussagekräftig ist, da sie zu immer besseren Ergebnissen führt, je schlechter die vorangegangene Optimierung verlaufen ist bzw. im gleichen Fall schlechtere Ausprägungen von Z_1-Z_3 als gleich gut bewertet.

Tabelle 1: Ergebnisse der ECM-Optimierung nach Rao et al.[47]

	Z_1 (in µm)	Z_2 (in Funken/mm)	Z_3 (in µm/s)	Z
monokriteriell	15,452	1,055	25	---
multikriteriell	39,34	3,39	8	1,811

Tabelle 2: ECM-Parameterwahl nach Rao et al. (2008)

	f(µm/s)	U(cm/s)	V(V)
Monokriteriell	8	300	9,835
Multikriteriell	8	300	13,225

Die bei den Durchläufen verwendeten PSO-Parameter waren

$Iterationen_{Max}$= 50

w = 0,65

c_p = 1,65 und

c_g= 1,75.

Wie schon zuvor angemerkt gehen die Autoren nicht darauf ein, wie sie diese Parameterwahl getroffen haben. Es ist auch nicht möglich, sich die Begründung aus den Werten heraus deduktiv zu

[46] Werden die monokriteriell ermittelten ECM-Parameter angelegt, so ergibt sich ein Z_2=7,1557 und damit bei Z_1=15,452 und Z_3=8 einen Gesamtfunktionswert von Z=7,4627

[47] Rao et al. (2008), S. 958.

erschließen. Die angelegte Trägheitsvariable w liegt unterhalb des von Shi und Eberhart (1998) ermittelten Rahmens von 0,8 bis 1. Zur Beurteilung der Sinnhaftigkeit wird aber der gleichzeitig verwendete und im Paper nicht angegebene V_{max}-Wert benötigt. Die Beschleunigungskoeffizienten scheinen mehr als Abstandhalter zu der Gewichtung des „alten“ Vektors denn als Differenzierung zwischen persönlichem und globalem Optimum zu dienen.[48] Aus diesem Grund soll in Kapitel 3 eine eigene Evaluation vorgenommen werden, um sowohl die von Rao et al. ermittelten Ergebnisse als auch die angelegten Parameter beurteilen zu können. Dabei wird nachgewiesen werden, dass sowohl die angelegten Parameter als auch die erzielten Ergebnisse nicht optimal sind. Ebenso wird nachgewiesen werden, dass ein Ergebnis gegen die unter 2.1 angeführten Nebenbedingungen verstößt.

[48] Sie liegen jedoch, wie schon angesprochen, in der Nähe der Parameterwahl von Bergh und Engelbrecht (2006).

3. Untersuchung zur optimierten Parameterwahl bei der Partikelschwarmoptimierung

Nachdem im vergangenen Kapitel das Problemfeld umrissen wurde, soll nun auf den Kern dieses Textes eingegangen werden: Die optimierte Parameterwahl bei der Partikelschwarmoptimierung. Wie in der Einleitung formuliert ist es das Ziel, einen systematischen Zusammenhang zwischen der Parameterwahl und dem erzielten Ergebnis nachzuweisen und diesen so zu verallgemeinern, dass die Erkenntnisse auch auf andere Problemstellungen übertragbar sind. Dabei werden auch die von Rao et al. „nach verschiedenen Versuchen ausgewählten" Parameter auf ihre Tauglichkeit überprüft, so dass daraus ein Rückschluss auf diese Form der Parameterwahl („Trial an Error") möglich ist.[49] Als beste Parameterwahl wird jene Kombination w*, c_p* und c_g* der Einflussgrößen w, c_p und c_g bezeichnet, welche die besten Zielgrößen in Form von Zielfunktionswerten hervorbringt. Bei der Durchführung liegen Störgrößen in Form von gleichverteilten Zufallsvariablen vor. Im Sinne der Untersuchungsplanung soll zunächst das verwendete Computerprogramm sowie die Datenerhebung als solche dargestellt werden. Anschließend werden die Daten statistisch beschrieben und auf Auffälligkeiten analysiert, so dass die Parameterregion, welche die besten Lösungen hervor bringt, in einer weiteren Erhebung mit einer größeren Anzahl an Wiederholungen nach der besten Lösung abgesucht werden kann. Zuletzt wird ein Algorithmus zur automatischen Parameterwahl angeführt werden, welcher auf den Erkenntnissen dieser Untersuchung basiert.

3.1 Planung und Erhebung

Zur Erreichung des im letzten Absatz formulierten Untersuchungsziels muss eine breite Datenerhebung zur Schaffung valider Erkenntnisse durchgeführt werden. Da es theoretisch unendlich viele Kombinationen der drei zu untersuchenden Parameter gibt, soll hier eine Stichprobe mit gleichmäßig verteilten Parametern erhoben werden. Um eine möglichst gute Aussage in Bezug auf die Parameterqualität treffen zu können, soll das Umfeld der Parameter von Rao et al. weiträumig abgesucht werden. Dazu werden alle Kombinationen der Parameter für $c_p, c_g \in [1;2]$ in Schritten von 0,05 und w $\in [0;1]$ in Schritten von 0,1 erhoben und gespeichert. Für jede Kombination werden 10 statistisch unabhängige Wiederholungen durchgeführt, damit über die Bildung von Mittelwerten der Einfluss der Zufallsvariablen ausgeglichen wird. Darüber hinaus wird die Erhebung, zur Überprüfung des Einflusses der Vektorbegrenzung V_{max} auf die Parameterwahl, einmal mit 10% und einmal mit 50% der Dimensionsgröße als maximale Vektorgröße durchgeführt. Zur Datenerhebung wurde ein Programm der höheren Programmiersprache C# verwendet, mit dessen Hilfe die beschriebenen Parameterkombinationen der diskreten Erhebung getestet wurden. Ihre absoluten Häufigkeiten

[49] Rao et al. (2008), S. 957: übersetzt vom Verfasser. Im Original: „after various trials (selected)"

betragen h(w)=11 und $h(c_p)=h(c_g)=21$.[50] Die Anzahl der entstehenden Kombinationen beträgt somit $11*21^2=4851$ für jede Zielfunktion. Sie werden für alle Zielfunktionen nach der Gewichtung w sortiert und separat gespeichert.

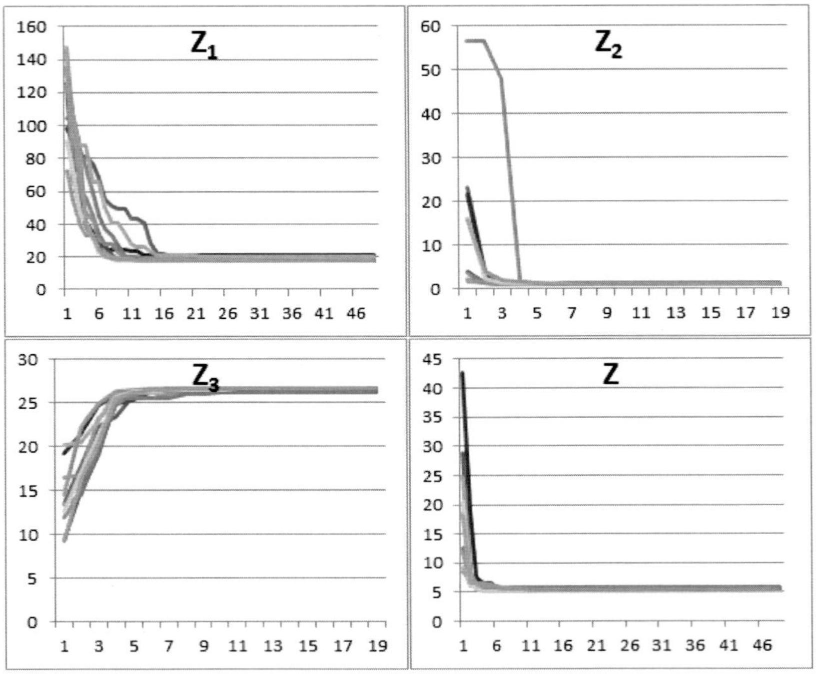

Abbildung 7: Bester Zielfunktionswert (y-Achse) jeder Iterationen (x-Achse) pro Wiederholung (1-10) für Z_1, Z_2, Z_3 und Z.

Bevor die Daten im nächsten Unterpunkt analysiert werden können, soll, da das Verfahren wie im Kapitel 2 beschrieben im Bereich der Ermittlung neuer Vektoren und der Initialisierung u.a. zufallsgesteuert ist, zunächst gezeigt werden, dass die erzielten Ergebnisse und die Verläufe der Ergebnisverbesserungen systematisch und nicht zufällig sind. In einem ersten Schritt wurden dazu in zehn unabhängigen Wiederholungen (n=10) Daten für die vier Zielfunktionen mit der von Rao et al. vorgeschlagenen Parametereinstellung erhoben. Die angelegten Werte waren dementsprechend: w=0,65, $c_p=1{,}65$ und $c_g=1{,}75$ bei maximal 50 Iterationen. Werden aus den gespeicherten Ergebnissen nur die globalen Verbesserungen ausgewählt und für alle Wiederholungen graphisch als Zielfunktionswert der Iteration dargestellt, so ergeben sich die in Abbildung 7 dargestellten Verbesserungsverläufe.[51] Die unterschiedliche Anzahl an Iterationen begründet sich darin, dass in manchen Dimensionen ab einer bestimmten Iteration keine Verbesserung mehr erzielt werden kann, was nicht

---

[50] Für Hintergrundinformationen zum Thema vgl. z.B. Fahrmeir et al. (2004)

[51] Die erzielten Ergebnisse sind diskret. Die stetige Abbildung dient nur der verbesserten Anschaulichkeit und soll auch im weiteren Verlauf des Buches beibehalten werden.

bedeutet, dass hier das absolute und damit globale Optimum gefunden worden sein muss.[52] Die ermittelten Werte belegen ein ähnliches Verbesserungsverhalten der Zielfunktionswerte in allen Wiederholungen und für alle Zielfunktionen. Hieraus lässt dich schließen, dass eine Verbesserung des Ergebnisses auch bei späteren Durchläufen mit unterschiedlichen Parameterkombinationen trotz der zufallsbeeinflussten Vektorsuche nicht zufällig sondern systematisch, ein erzieltes Ergebnis, zum Beispiel als Mittelwert nach mehreren Wiederholungen, also durchaus repräsentativ ist. Die erhobene Stichprobe des breiten Parameterspektrums kann somit valide stochastisch untersucht werden.

3.2 Datenanalyse

Um den Einfluss der Störgrößen (in Form der Zufallsvariablen r_p und r_g) zu minimieren, soll für jede Kombination das arithmetische Mittel über alle Wiederholungen berechnet werden.[53] Auf diese Weise wird vermieden, dass Ausreißer, welche auf einer zufälligen, guten Initialisierung oder der zufallsbeeinflussten Bewegung der Partikel beruhen, zu einem fehlerhaften Schluss auf eine vermeintlich gute Parameterkombination führt. Graphische Darstellungen von Verteilungen und farbige Matrizen fördern das Verständnis über die Lage guter Kombinationen. Bei dem Vergleich der erzielten Ergebnisse soll auch der Median und die Standardabweichung zur besseren Beurteilung herangezogen werden. Basierend auf den erzielten Ergebnissen werden sogenannte *Regionen guter Parameterqualität* formuliert werden, welche sich vor allem durch sehr gute Mittelwerte und geringe Standardabweichungen auszeichnen werden. In einer anschließenden Untersuchung sollen diese dann auf überlegene Kombinationen abgesucht werden. Um den Einfluss des V_{max}-Wertes auf die Parameterwahl beurteilen zu können, wird nach der Analyse der für V_{max}=10% erhobenen Daten ein Vergleich mit den für V_{max}=50% erhobenen Daten durchgeführt werden.

3.2.1 Deskriptive Datenanalyse

Aufgrund der großen Datenmengen, welche aus dem breiten Parameterspektrum resultieren, soll zunächst ein allgemeiner Überblick über die ermittelten Zielfunktionswerte bei unterschiedlichen Parametern und über deren Qualität gegeben werden. Dazu werden die Mittelwerte der besten Zielfunktionswerte pro Wiederholung in Abhängigkeit von den angelegten Parametern c_p und c_g dargestellt werden. Die entstehenden Matrizen werden für jede Gewichtung w und für alle Zielfunktionen erstellt. Die Betrachtung der Standardabweichung erfolgt später für eine eingegrenzte Anzahl an besseren Kombinationen. Zur besseren Übersicht werden die einzelnen Zielfunktionen in eigenen Unterpunkten behandelt werden. Ziel dieser Unterpunkte ist das Eingrenzen des Suchraumes auf

[52] Vielmehr kann es daran liegen, dass sich alle Partikel an den Rand des Lösungsraumes manövriert haben und somit bei jeder weiteren Iteration gegen eine Nebenbedingung verstoßen.

[53] Störgrößen beeinflussen neben den Einflussgrößen die Zielgrößen einer Problemstellung. Im Gegensatz zu zweitgenannten sind Störgrößen jedoch nicht beobachtbar. Vgl. auch hierzu: Fahrmeier et al. (2004).

eine *Region guter Parameterqualität*. Wie bereits angesprochen, wurden die Daten für eine maximale Schrittlänge der Partikel von ungefähr 10% der Dimensionsgröße erhoben.

3.2.1.1 Minimierung der Ungenauigkeit

Bei der Betrachtung der aufsteigend sortierten Mittelwerte der Optimierungsergebnisse für die verschiedenen Parameterkombinationen fällt ohne das weitere Anwenden von statistischen Mitteln vor allem eines auf: Der beste ermittelte Wert liegt mit 17,42846µm um 2 höher als der von Rao et al. ermittelte (15,45µm), obwohl ein breites Spektrum an Parameterkombinationen, inklusive der von den Autoren verwendeten, angelegt wurde. Ein auf diese Beobachtung hin durchgeführter Test ergab, dass die von den Autoren angelegten Werte in den Dimensionen f, U und V mit 8µm/s, 300cm/s und 9,835V in dieser Kombination gegen die Passivitätsnebenbedingung verstoßen und ihr Ergebnis, das gemäß der Funktion Z_1 nicht 15,45 sondern 15,66 lauten müsste, somit nicht zulässig ist.[54] Für die angegebenen Werte von f und U (welche wie in 2.1 angeführt die unteren Dimensionsgrenzen sind) beginnt der zulässige Bereich der Passivitätsbedingung erst bei

$$\begin{aligned}
&\left(f^{-0,844369}U^{-2,526076}V^{1,546257}e^{12,57697}\right)-1\geq 0\\
&\Rightarrow\left(8^{-0,844369}300^{-2,526076}V^{1,546257}e^{12,57697}\right)-1\geq 0\\
&\Leftrightarrow 0.02768*V^{1.546257}-1\geq 0\\
&\Leftrightarrow V^{1.546257}\geq\frac{1}{0.02768}\\
&\Leftrightarrow V\geq 10.173817.
\end{aligned}\qquad (3.1)$$

In diesem Unterpunkt ist das Ziel somit nicht, die Parameter mit einer besseren Lösung als Rao et al. zu finden, sondern jene, die eine möglichst gute und zulässige hervorbringen.

Im Anhang 3 sind die stark verkleinerten Matrizen für die Zielfunktion zur Minimierung der Ungenauigkeit einzusehen. Für die Werte gilt die folgende Farbskala:

Schlecht (rot):	>30µm
mittel (gelb):	20-30µm
gut (dunkelgrün):	17,4585-20µm
sehr gut (hellgrün):	≤17,4285µm

[54] Eingesetzt in die Passivitätsfunktion ergeben die Koordinaten einen Wert von gerundet -0,051024. Zur Einhaltung hätte er, wie in (2.7) einzusehen, größer als Null sein müssen.

Die absoluten Häufigkeiten der Mittelwerte in diesen Intervallen sind in Abbildung 8 einzusehen.

Klasse	*Häufigkeit*
17,4285	297
20	1196
30	1325
und größer	2033

Abbildung 8: Absolute Häufigkeiten der Mittelwerte in den angelegten Intervallen

Damit sind alle Mittelwerte (hell- oder dunkel-) grün markiert, die knapp 15% vom besten Mittelwert abweichen. Die hellgrünen alleine haben eine Abweichung von 0,00023%. Bei der Betrachtung der Matrizen, beginnend bei w=0, kann sehr gut ein Zusammenhang zwischen den Parameterkombinationen und dem erzielten Ergebnis beobachtet werden. Für w=0 gibt es kaum gute (grüne) Ergebnisse, aber es zeigt sich ein Vorteil von einer höheren Gewichtung des global besten Ergebnisses (c_g, in der Graphik *WGBS* für *Weight of Global Best Solution*). Die Gewichtung des persönlich besten Ergebnisses scheint tendenziell in der Mitte besser zu sein, da dort die wenigen guten Lösungen liegen. Für ein steigendes w kann beobachtet werden, dass immer niedrigere Gewichtungen von c_g vorteilhaft werden während sich die guten Lösungen für ein gegebenes c_g im gesamten Spektrum von c_p (in der Graphik *WPBS* für *Weight of Personal Best Solution*) verteilen. Bis einschließlich w=0,5 führen immer mehr c_g- c_p-Kombinationen zu guten Lösungen. Das beste Ergebnis von 17,42846028µm (=Z_{1Min}) wird zum ersten Mal bei mehreren c_g-c_p-Kombinationen bei der Gewichtung w=0,3 ermittelt. Bis zu w=0,5 wird der Anteil der Kombinationen, welche diesen minimalen Wert im (arithmetischen) Mittel hervorbringen immer größer ($h(Z_{1Min}|w=0,5)=150$; $f(Z_{1Min}|w=0,5)=0,375$, also 37,5%).[55] Bei den Gewichtungen von w>0,5 werden die guten Lösungen weniger und der Anteil der mittleren bis schlechten Lösungen nimmt wieder zu, bis bei w=1 nur noch schlechte Lösungen generiert werden. Der Verlauf ist in Abbildung 9 zusammenfassend einzusehen. In Abbildung 10 wiederum gibt die Matrix zu w=0,5 wieder. Die Zellenwerte werden nur durch die beschriebene Farbskala repräsentiert.

[55] In der Matrix wird auf die 4. Nachkommastelle gerundet. Der optimale Wert wird somit zu 17,4285. Felder die bei diesem Inhalt nicht hellgrün markiert wurden sind jene, die auf diesen Wert *ab*gerundet wurden. Es werden nur die aufgerundeten Werte mit hellgrün markiert. Zwar gibt es hier verschiedene Ausprägungen, Veränderungen finden hier jedoch nur im 100.000stel Mikrometer Bereich oder kleiner statt und sind in dieser Betrachtung zu vernachlässigen.

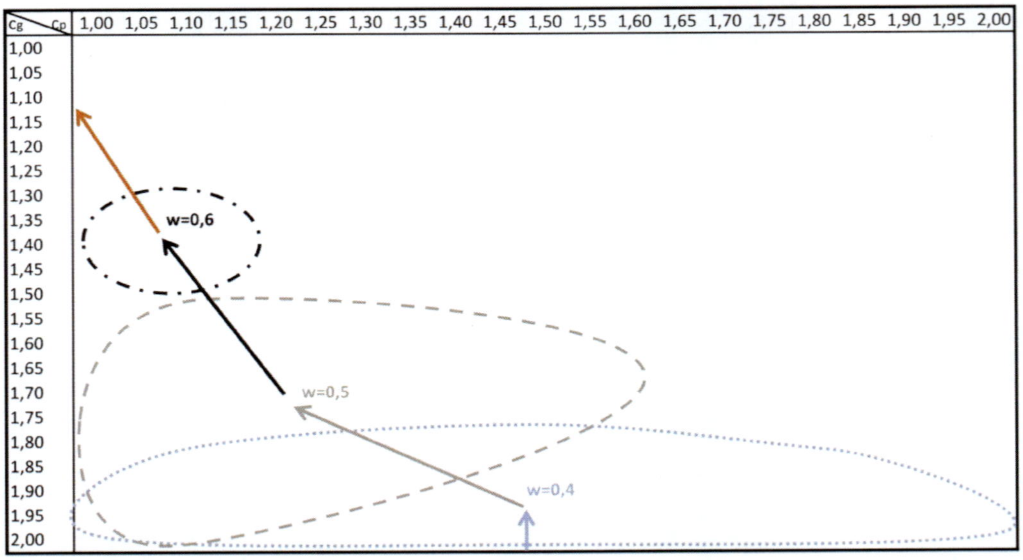

Abbildung 9: Verschiebung der sehr guten Lösungen durch den Parameterraum für Z_1

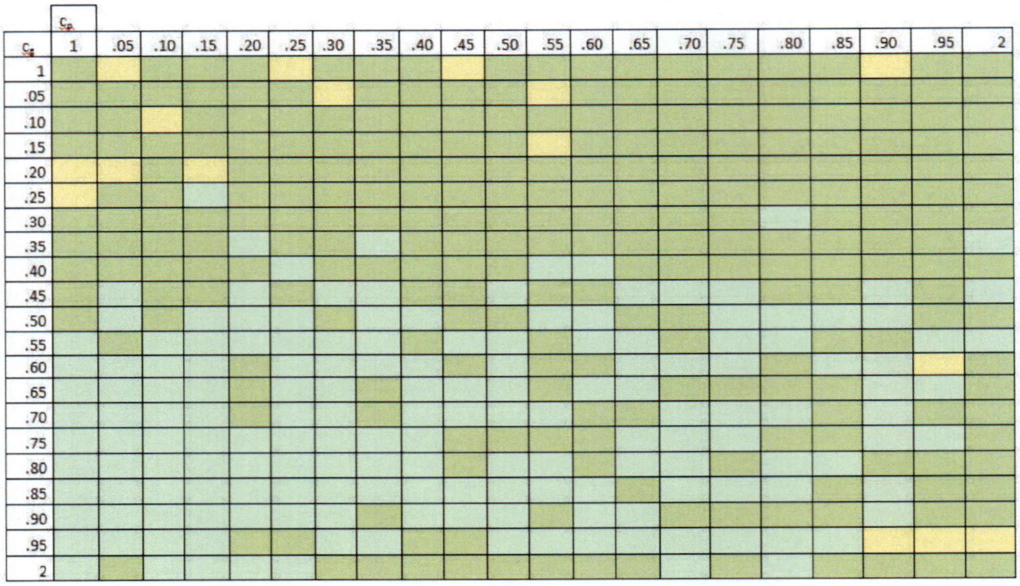

Abbildung 10: Matrix für w=0,5 bei Z_1, gelb >20, 17,4285<dunkelgrün<20, hellgrün <17,4285

Auf diese Weise ist ersichtlich, dass sich die optimalen Werte bei Parameterkombinationen mit einer hohen Gewichtung des global besten Wertes und einer niedrigen Gewichtung des eigenen besten Wertes häufen, während bei niedrigen Globalgewichtungen noch und bei hohen persönlichen Gewichtungen wieder schlechtere Lösungen (gelb) auftauchen. Bei steigendem w bewegen sich die hellgrünen Bereiche nach oben links und verschwinden bei w=0,7 bis auf eine einzelne Kombination aus der Matrix. Höhere w führen wie bereits genannt zu fast bzw. gar keinen guten Ergebnissen mehr. Tabelle 3 gibt die 15 global besten Kombinationen wieder. Abzulesen sind die angelegten Parameter, der berechnete Mittelwert über die zehn Wiederholungen, die Standardabweichung der einzelnen Wiederholungen vom Mittelwert sowie der niedrigste und der höchste ermittelte Wert. Diese Parameterkombinationen zeichnen sich dadurch aus, dass für sie alle $\tilde{s}=0$ gilt, es also keine relevante Abweichung innerhalb der 10 statistisch unabhängigen Wiederholungen gibt. Bei 10 entspricht der höchste Wert dem niedrigsten, bei den übrigen ist er um 10^{-8} höher. In Tabelle 3 wird erneut ersichtlich, was zuvor anhand der Matrizen bereits erklärt wurde. Viele der sehr guten Kombinationen sind aus dem Bereich der Gewichtung w=0,5. Von den 57 Kombinationen, welche den absolut minimalen Wert gefunden haben sind 42 aus der *w=0,5*-Matrix (≈73,7%). Von den restlichen 15 kommen neun aus der *w=0,4*- und sechs aus der *w=0,6*-Matrix. Das Histogramm in Abbildung 11 zeigt die Häufigkeitsverteilung der besten 100 Kombinationen in Bezug auf die Gewichtung w. Hier wird ebenfalls die Vorteilhaftigkeit von w=0,5 gegenüber den anderen Gewichtungen deutlich, auch wenn der Anteil an guten w=0,4- und w=0,6-Kombinationen zwischen der 60sten und 100sten Kombination stark zugenommen hat. Abbildung 12 zeigt darüber hinaus die etwas rechtssteile Verteilung jener Kombinationen, die zu einem Mittelwert im besten Intervall geführt haben in Bezug auf die Gewichtung w. Auch hier ist der Trend der Verbesserung und rapiden Verschlechterung der Parameterqualität bei steigendem w deutlich zu erkennen.

Tabelle 3: Die 15 besten Parameterkombinationen zur Ermittlung der minimalen Ungenauigkeit.

w	c_p	c_g	$\overline{X}$	$\tilde{s}$	Min	Max
0,5	1,2	1,8	17,42846028	0	17,42846028	17,42846028
0,5	1	1,8	17,42846028	0	17,42846028	17,42846028
0,5	1,1	1,95	17,42846028	0	17,42846028	17,42846028
0,5	1,25	1,8	17,42846028	0	17,42846028	17,42846028
0,5	1	1,7	17,42846028	0	17,42846028	17,42846028
0,5	1,25	1,75	17,42846028	0	17,42846028	17,42846028
0,5	1,5	1,9	17,42846028	0	17,42846028	17,42846028
0,5	1,15	1,65	17,42846028	0	17,42846028	17,42846028
0,6	1	1,25	17,42846028	0	17,42846028	17,42846028
0,6	1	1,35	17,42846028	0	17,42846028	17,42846028
0,5	1,1	1,85	17,42846028	0	17,42846028	17,42846029
0,5	1,05	1,6	17,42846028	0	17,42846028	17,42846029
0,5	1,3	1,55	17,42846028	0	17,42846028	17,42846029

Die Tabelle 3 ermöglicht über die bisherigen Erkenntnisse hinaus jedoch auch Aussagen über die beiden anderen Parameter. Die c-Parameter bei w=0,4 liegen entsprechend der Abbildung 9 ganz unten links (sehr hohes c_g bei sehr niedrigem c_p), bei w=0,5 liegen sie in Übereinstimmung mit Abbildung 10 in der Matrix unten links (hohes c_g, geringes c_p) und bei w=0,6 oben links (beide Werte relativ gering). Dementsprechend sollen die folgenden Bereiche als erste Grenzen einer *Region guter Parameterqualität* zur Minimierung der Ungenauigkeit definiert werden:

$$c_g \in \begin{cases} [1{,}85; 2{,}0], & \text{für } w=0{,}4 \\ [1{,}6; 2{,}0], & \text{für } w=0.5 \end{cases}$$
$$c_p \in \begin{cases} [1{,}0; 1{,}35], & \text{für } w=0{,}4 \\ [1{,}0; 1.25], & \text{für } w=0.5 \end{cases} \tag{3.2}$$

Die wenigen guten Kombinationen aus w=0,6 sollen aufgrund ihrer geringen Anzahl und der Distanz zwischen den Kombinationen nicht in die Region aufgenommen werden.

Aufgrund der nicht existenten Standardabweichung bei identischem arithmetischen Mittel und keiner bedeutenden Laufzeitunterschiede, sind die in der Tabelle angegebenen diskreten Kombinationen in dieser Region vorerst als *indifferent optimal* zu betrachten.[56] Darüber hinaus führen auch die verbleibenden Kombinationen der Region zu sehr guten Ergebnissen, da von den insgesamt 54 Kombinationen der Region nur sieben einen Mittelwert von mehr als 17,4285 aufweisen (Abweichung zum besten Wert dann >0,00023%). Der maximale Durchschnittswert der Region liegt bei rund 17,6247589 (Abweichung 1,126%). Aufgrund dieser geringen Schwankungen, welche in der Realität im Nanometerbereich und im Modell zumeist in der zweiten und dritten Nachkommastelle liegen, erfüllen alle Parameter dieser Region ebenfalls die Bedingungen einer sehr guten Parameterwahl für die vorliegende Zielfunktion.

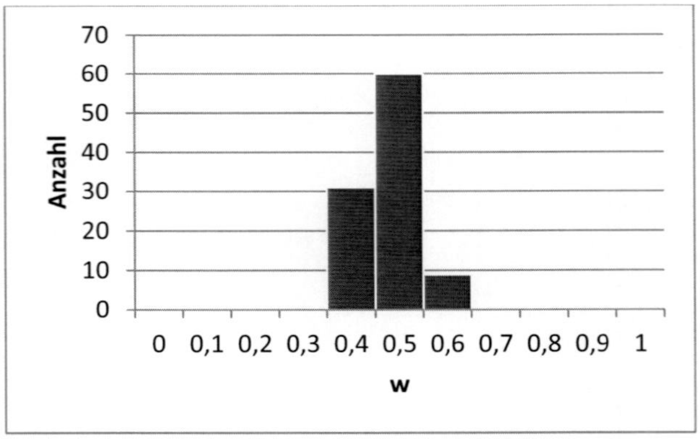

Abbildung 11: Häufigkeitsverteilung der 100 besten Kombinationen in Bezug auf w bei Z_1.

[56] Es bestehen keine Laufzeitunterschiede, da bis auf wenige Ausnahmen alle finalen Ergebnisse in den letzten 10 Iterationen gefunden wurden.

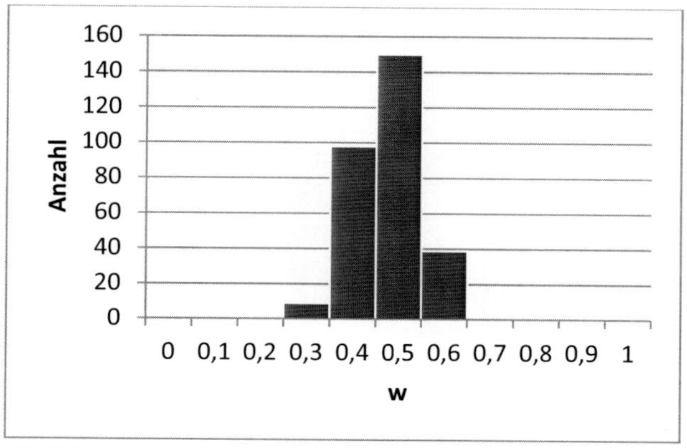

Abbildung 12: Häufigkeitsverteilung der Kombinationen im Intervall [0; 17,4285] in Bezug auf w.

3.2.1.2 Minimierung des Funkenfluges

Bei dieser Zielfunktion kann, genau wie bei jener zur Abtragrate, der Wert von Rao et al. nicht genau überprüft werden, da nur das Ergebnis von 1,055 Funken pro Millimeter ohne die dazu gehörenden ECM-Dimensionswerte angegeben ist. Aufgrund der eigenen Ergebnisse lässt sich jedoch sagen, dass das Ergebnis realisierbar und, wie in diesem Unterpunkt dargelegt werden wird, mit der richtigen Parameterkombination der PSO auch etwas verbesserbar ist.

Intuitiv wurden zunächst die folgenden Intervalle in der schon angeführten Farbenskala angelegt (in Funken pro mm):

Schlecht (rot):	>1,2
mittel (gelb):	1,1-1,2
gut (dunkelgrün):	1,055-1,1
sehr gut (hellgrün):	<1,055.

Auf diese Weise werden alle Ergebnisse, welche besser als das von Rao et al. sind, als sehr gut bewertet. Betrachtet man jedoch die in Abbildung 13 notierten Häufigkeiten für die verschiedenen Intervalle, so erkennt man, dass 1568 der 4852 Parameterergebnisse dieses Kriterium erfüllen, mehr als in jedem anderen Intervall.

Klassen (in Funken/mm)	*Häufigkeit*
0-1,055	1568
1,055-1,1	1120
1,1-1,2	759
und größer	1404

Abbildung 13: Häufigkeiten der Mittelwerte in den angegebenen Intervallen.

Aufgrund der Menge an sehr guten Ergebnissen muss eine feinere Unterteilung vorgenommen werden, welche sich nicht an dem Ergebnis der Autoren orientiert. Die Obergrenzen werden aus der prozentualen Abweichung vom besten Ergebnis gebildet und liegen bei 0,01%, 0,1% und 1%. Daraus ergeben sich die Häufigkeiten aus Abbildung 14.

Klassen (in Funken/mm)	*Häufigkeit*
0,01%	510
0,10%	1094
1,00%	453
und größer	2793

Abbildung 14: Häufigkeiten der Mittelwerte in den angegebenen kleineren Intervallen.

In dieser Verteilung werden 58% als schlecht und weitere knapp 10% als mittelmäßig (Intervall]0,1%;1%]) bewertet und damit nicht weiter betrachtet. Für die Suche nach der *Region guter Parameterqualität* muss nun die Lage der restlichen 32% in den Matrizen ermittelt werden. Die entsprechend eingefärbten Matrizen für w ∈ {0, 0,1, ..., 1} sind im Anhang 4 einzusehen. In ihnen ist zu erkennen, dass das Verhalten der erzielten Ergebnisqualität für die c_g-c_p-Kombinationen für ein steigendes w ähnlich ist wie bei Z_1. Sie vollzieht sich breit von unten nach oben, wodurch zumeist alle c_p Werte bei einem gegebenen c_g-Wert aufgewertet (im Bereich eines steigenden kleinen w) oder abgewertet (für ein steigendes großes w) werden. Dadurch wird die Matrix von einer mit gemischter Parameterqualität bei w=0 bis w=0,5 zu einer Matrix mit vornehmlich sehr guter Qualität (fast alle Kombinationen führen zu besseren Ergebnissen als der Wert von Rao et al.), aus der anschließend bis w=1 eine Matrix mit ausschließlich schlechten Kombinationen wird (vgl. Abbildung 15). Dieser Trend ist auch in dem Histogramm in Abbildung 16 zu erkennen, welches die Häufigkeiten guter Lösungen in Bezug auf w wiedergibt und wie schon bei Z_1 neben der sukzessiven Verbesserung auch die rapide Verschlechterung wiederspiegelt. Im Gegensatz zur letzten Zielfunktion kann hier jedoch noch schwerer gesagt werden welche Kombination die vermeintlich beste ist, denn die *Region guter Parameterqualität* scheint sich mit c_p ∈ [1;2] (also die gesamte Breite) und c_g ∈ [1,6;2,0] (ca. die halbe Breite) über die halbe Matrix zu erstrecken, wobei die Werte besser werden, je höher die globale Gewichtung wird. Im Gegensatz zur letzten Zielfunktion unterscheiden sich die niedrigsten Ergebnisse hier im Bereich der sechsten bis achten Nachkommastelle, so dass ein Ranking theoretisch möglich ist. Die Standardabweichung soll aufgrund ihrer geringen Ausprägung auf diese

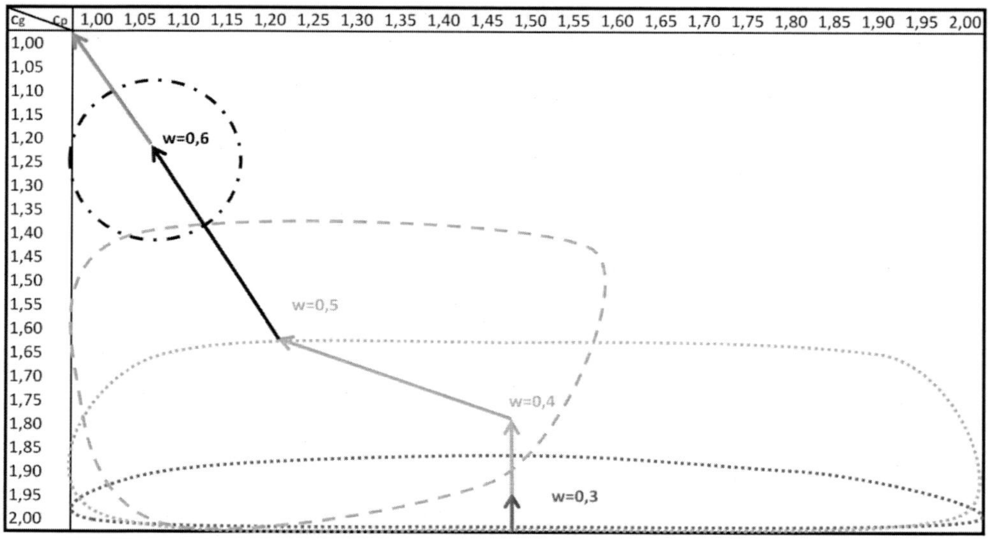

Abbildung 15: Verschiebung der sehr guten Lösungen durch den Parameterraum für Z_2

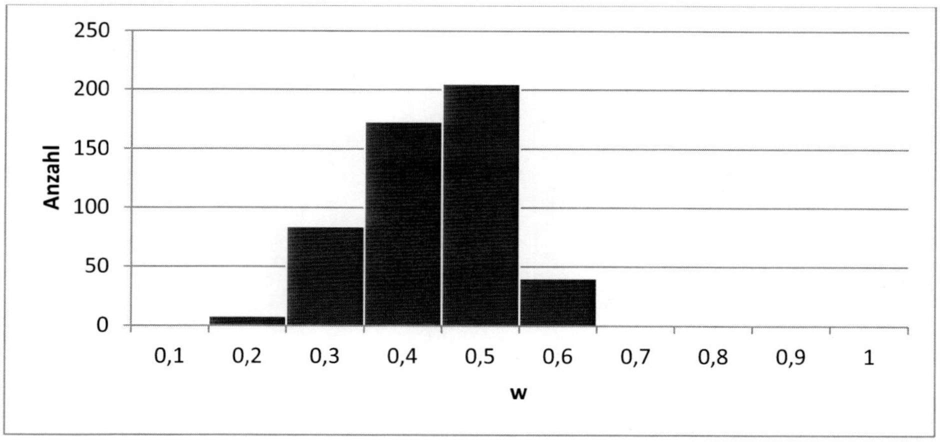

Abbildung 16: Häufigkeitsverteilung der besten Kombinationen in Bezug auf w bei Z_2

Reihenfolge keinen Einfluss haben. Die anschließende Matrix von w=0,5 stellt den Wendepunkt des Trends dar. Während die letzten schlechten Lösungen oben links verschwinden, tauchen unten rechts wieder die ersten auf. Insgesamt liegen in dieser Matrix jedoch die wenigsten nicht-guten Lösungen und die meisten sehr guten, weshalb partiell aus ihr zusammen mit Teilen von w=0,4 letztendlich der Bereich der *Region guter Parameterqualität* gebildet werden wird.

Unterstützt wird diese Beobachtung von der Tatsache, dass von den besten 100 Kombinationen nur 7 nicht aus diesen beiden Abbildungen (3x aus w=0,6, 4x aus w=0,3) stammen. Die Restlichen verteilen sich, wie auch im Histogramm in Abbildung 17 zu sehen, mit 42 zu 51 Kombinationen auf w=0,4 und w=0,5.

In Bezug auf die c-Werte der Region lässt sich beobachten, dass sie eine ähnliche Lage aufweisen wie bei der Minimierung der Ungenauigkeit: Vor allem bei w=0,5 herrschen Varianten vor, bei denen geringe c_p-Werte mit hohen c_g-Werten kombiniert werden, während, wie bereits erwähnt, bei w=0,4 hohe c_g- mit dem gesamten Spektrum der c_p-Werte zu sehr guten Ergebnissen führen. Bei der Fokussierung der 50 besten Lösungen zur Festlegung der Regionengrenzen, liegen diese, unter Ausschluss einiger wenigen Ausnahmen, bei $c_p \in [1{,}0;1{,}35]$ und $c_g \in [1{,}7;2{,}0]$. Insgesamt ergibt sich somit eine Region, mit den Grenzen

$$c_g \in \begin{cases} [1,6;2,0], & \text{für } w{=}0{,}4 \\ [1,7;2,0], & \text{für } w{=}0.5 \end{cases} \qquad c_p \in \begin{cases} [1,0;2,0], & \text{für } w{=}0{,}4 \\ [1,0;1.35], & \text{für } w{=}0.5 \end{cases} \tag{3.3}$$

Auf die Angabe einer optimalen Kombination soll aufgrund der geringen Unterschiede auch bei dieser Zielfunktion vorerst verzichtet werden. Es lässt sich jedoch, wie schon angegeben, sagen, dass sich die Region ausschließlich aus Werten zusammensetzt, die besser sind als der von Rao et al. angegebene.

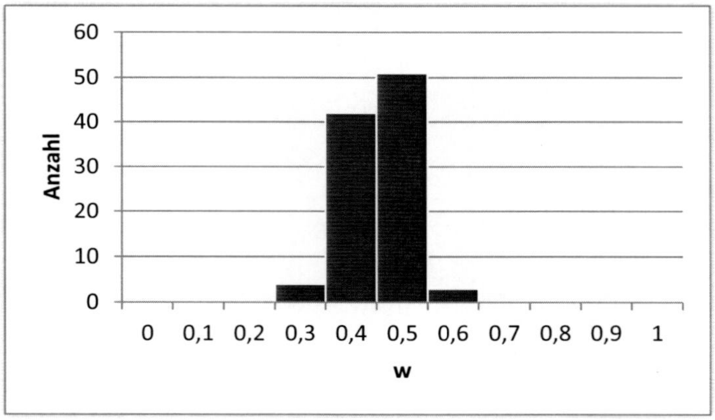

Abbildung 17: Häufigkeitsverteilung der 100 besten Kombinationen in Bezug auf w bei Z_2.

3.2.1.3 Maximierung der Abtragrate

Wie bereits bei der letzten Zielfunktion ist das von Rao et al. angegebene Ergebnis von 25µm/s mit den zulässigen ECM-Parametern realisierbar, nicht nachprüfbar und verbesserbar. Eine erste Intervalleinteilung erfolgte auch hier intuitiv als Verbesserung über den in der Literatur angegebenen Wert hinaus, so dass zunächst die folgende Skala (in µm/s) gilt:

schlecht (rot):	<18
mittel (gelb):	18-22
gut (dunkelgrün):	22-25
sehr gut (hellgrün):	>25.

Die Parameterqualität für die verschiedenen Gewichtungen w verhält sich bei Betrachtung der unterschiedlichen Matrizen wie schon in den beiden voran gegangenen Fällen: Die relativ gut voneinander getrennten Schichten unterschiedlicher Qualitäten werden schrittweise für ganze Zeilen besser, bis ab einem bestimmten w die Qualität wieder sinkt. Der Wandel vollzieht sich ebenso geordnet, jedoch bei der Verschlechterung weniger stark. Wie bei der intuitiven Intervalleinteilung von Z_2 existiert auch hier eine extrem große Region guter Lösungen, da im Bereich w ∈ {0,4; 0,5; 0,6} Matrizen existieren, die vollständig hellgrün sind, was bedeutet, dass die Ergebnisse aller c_p-c_g-Kombinationen für diese w im Mittel ein besseres Ergebnis als das von Rao et al. erzielt haben. Flankiert wird diese ohnehin große Region von Matrizen für w ∈ {0,3; 0,7}, welche ebenfalls fast

ausschließlich bessere Ergebnisse hervorbringen (entsprechend der beschriebenen Bewegungsrichtung der Parameterqualität bei w=0,3 mit Ausnahme der oberen linken Ecke und bei w=0,7 mit Ausnahme der unteren Region). Ein Blick in die absteigend sortierte Liste zeigt, dass sich die Unterschiede in den Mittelwerten bei den besten Kombinationen im Bereich der vierten bis achten Nachkommastelle (weniger als 1nm) bewegen. In den ersten 100 Kombinationen befinden sich fast nur solche aus der „Kernregion" (w ∈ {0,4; 0,5; 0,6}) und nur vereinzelte aus den Randregionen (w ∈ {0,3; 0,7}). Der Unterschied des besten Mittelwertes zu jenem auf Platz 100 beträgt 0,01 µm, also 0,0375%. Um mehr als 1% von der besten Lösung abzuweichen müsste ein Mittelwert unter dem Wert 26,4034 liegen, was erst bei der 1490sten Kombination der Fall ist. Es existieren somit 1489 Kombinationen, deren gefundenes Ergebnis weniger als 1% von der vermeintlichen Optimallösung abweicht (von 4861 insgesamt, was rund 30% entspricht).

Bei der Betrachtung der dazu gehörenden Positionsdaten, also die Ausprägungen in den drei Dimensionen des ECM, ist zu erkennen, dass alle Ergebnisse, graphisch ausgedrückt, im selben Bereich des ECM-Parameterraumes liegen. Die Werte bewegen sich stets im Bereich f≈8, U≈362 und V≈13,8, was bedeutet, dass alle guten PSO-Parameterkombinationen den Bereich der vermutlich optimalen ECM-Parameter gefunden und lediglich minimal unterschiedlich gut abgesucht haben. Die benennbare, vermeintlich optimale Parameterkombination für die Maximierung der Abtragrate, gemessen am erzielten Mittelwert, liegt bei w=0,5, c_p=1,05 und c_g=2, was wiederum den Kriterien der beiden letzten Zielfunktionen an eine optimale Parameterkombination (hohe globale und niedrige persönliche Gewichtung bei mittlerem w) entspricht.

Klasse (in µm)	*Häufigkeit*
18	27
22	274
25	1397
und größer	3150

Abbildung 18: Absolute Häufigkeiten der Mittelwerte in den angegebenen Intervallen.

Das erzielte mittlere Ergebnis liegt bei rund 26,6701358. Beschränkt man sich bei der Suche nach einer *Region guter Parameterqualität* auf die Tatsache, dass das Ergebnis besser als das von Rao et al. ist, so wird diese extrem groß, wie auch die in Abbildung 18 einzusehende Verteilung der Mittelwerte bei der angeführten Einteilung belegt. Aus diesem Grund sollen die Mittelwerte erneut genauer betrachtet und hinsichtlich ihrer Qualität besser differenziert werden. Dazu wird folgende Skala verwendet:

Schlecht (rot):	<25 µm
mittel (gelb):	25-26,5 µm
gut (dunkelgrün):	26,5-26,6 µm
sehr gut (hellgrün):	>26,6 µm

Durch diese, vor allem im oberen Wertebereich, sehr feine Einteilung lassen sich Wertunterschiede in den Matrizen sehr leicht ablesen. Einzusehen ist die veränderte Darstellung in Anhang 5, die neue Verteilung der Mittelwerte wird in Abbildung 19 widergegeben. Es ist zu erkennen, dass die kleineren Intervalle die Anzahl guter und sehr guter Kombinationen auf ca. 25% der alten Häufigkeit reduziert und somit die Menge der Kandidaten auf die 1100 besten begrenzt.

Klasse (in µm)	*Häufigkeit*
<25	1698
25-26,5	2050
26,5-26,6	638
und größer	462

Abbildung 19: Absolute Häufigkeiten der Mittelwerte in den angegebenen Intervallen.

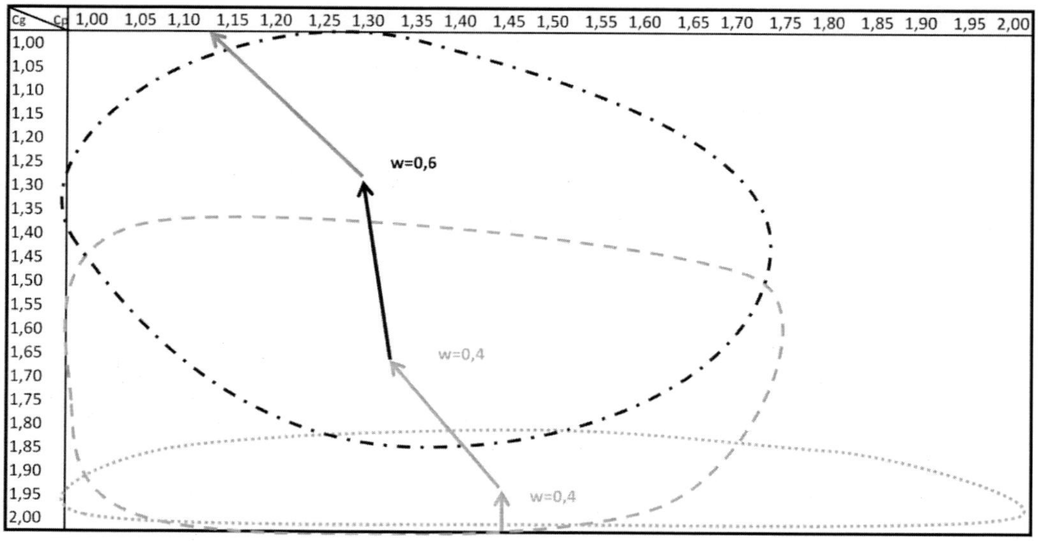

Abbildung 20: Verschiebung der sehr guten Lösungen durch den Parameterraum für Z_3

Mit Bezug auf die c-Werte kann nach dieser Neuausrichtung der Intervallgrenzen erneut die „Wanderung der Parameterqualitäten", welche bei den vergangenen Zielfunktionen beschrieben wurde, beobachtet werden. Vor allem wenn die beiden grünen Intervalle gemeinsam als sehr gute Parameterwerte aufgefasst werden ist die Verbesserung der Parameterqualität bei steigendem w in der Matrix von unten nach oben erkennbar, bis bei w=0,6 unten rechts erneut schlechtere Kombinationen auftauchen, welche sich bis w=1, weiterhin von unten nach oben, über die gesamte Matrix ausbreiten und zu sehr schlechten Kombinationen werden (vgl. Abbildung 20). Zusätzlich zur Ergebnisverschlechterung steigt die Standabweichung der einzelnen Kombinationen stark auf das im Anhang 6 grafisch für w=1 dargestellte Niveau an.

Tabelle 4: Die besten 20 Parameterkombinationen zur Berechnung der maximalen Abtragrate

w	c_p	c_g	$\overline{X}$	$\tilde{S}$	Min	Max
0,5	1,05	2	26,67013584	5,08626E-06	26,67012897	26,67014283
0,5	1	1,75	26,67012128	3,64387E-05	26,67002459	26,67014283
0,5	1	1,8	26,6701188	2,7411E-05	26,67005992	26,67014105
0,5	1,35	1,85	26,67011079	4,0465E-05	26,67001507	26,67014232
0,5	1,5	1,95	26,67010357	6,12375E-05	26,66995265	26,67014304
0,5	1,5	2	26,67009742	6,05364E-05	26,66997882	26,67014294
0,5	1,2	1,6	26,6700896	6,66766E-05	26,66993648	26,67014041
0,5	1	1,95	26,67008063	9,40684E-05	26,66986986	26,67014129
0,4	1,5	2	26,67006611	0,000109394	26,66983531	26,67014255
0,5	1,4	1,8	26,67006114	0,000207567	26,66947281	26,67014315
0,7	1,2	1	26,6700597	0,000155519	26,66965745	26,6701432
0,4	1,05	2	26,6700388	0,000118639	26,66975025	26,67013738
0,6	1,15	1,55	26,67003696	0,000218883	26,66943895	26,6701426
0,5	1,65	1,7	26,67003542	0,000187783	26,66951644	26,6701407
0,5	1,1	1,85	26,67002933	0,000231701	26,66945328	26,67014272
0,5	1,1	1,75	26,67000829	0,000264094	26,669325	26,67014098
0,5	1,25	2	26,66999341	0,000311406	26,66917215	26,67014183
0,4	1,75	1,95	26,66997919	0,000156497	26,66965017	26,67012627
0,5	1,05	1,85	26,66995966	0,000375391	26,66891035	26,67013972
0,5	1	1,85	26,66991843	0,000502553	26,66852072	26,67014327

Ein Blick in die im Anhang 5 dargestellten Matrizen verdeutlichet, dass die *Regionen guter Parameterqualität* erneut im Bereich w=0,4, bei sehr hohen c_g-Werten ($c_g \geq 1{,}80$) über das gesamte c_p-Spektrum, und bei w=0,5, für hohe c_g- ($c_g \geq 1{,}55$) und niedrige c_p-Werte ($c_p \leq 1{,}60$), liegt. Beides entspricht den Erkenntnissen aus den Berechnungen der Zielfunktionen Z_1 und Z_2. Ein Blick auf die in Tabelle 4 dargestellten besten 20 Kombinationen und die Häufigkeitsverteilung der besten 100 Kombinationen in Bezug auf das verwendete w in Abbildung 21 bestätigen diese Region, weshalb die angegebenen Grenzen für die Region mit

$$c_g \in \begin{cases} [1{,}8; 2{,}0], & \text{für w=0,4} \\ [1{,}55; 2{,}0], & \text{für w=0.5} \end{cases}$$
$$c_p \in \begin{cases} [1{,}0; 2{,}0], & \text{für w=0,4} \\ [1{,}0; 1.6], & \text{für w=0.5} \end{cases} \quad (3.4)$$

festgehalten werden sollen.

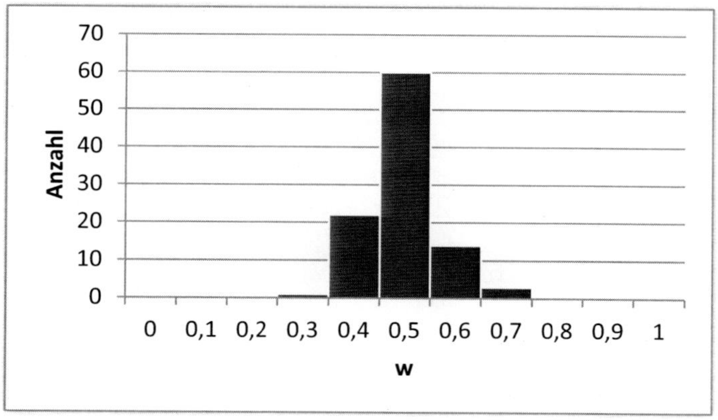

Abbildung 21: Häufigkeitsverteilung der 100 besten Kombinationen in Bezug auf w bei Z_3.

3.2.1.3 Minimierung der multikriteriellen Zielfunktion,

Unter Punkt 2.3 wurde bereits erwähnt, dass das von Rao et al. ermittelte Ergebnis nur möglich ist, wenn in der entsprechenden Wiederholung die im Vorfeld ermittelten besten Werte der einzelnen Zielfunktionen in die kombinierte Zielfunktion eingesetzt werden anstelle der tatsächlichen (evtl. in vorangegangenen Durchläufen ermittelten) global-optimalen Werte. Es wurde auch bereits erwähnt, dass die multikriterielle Zielfunktion hierdurch ihre Aussagekraft verliert, da sie immer dann sehr gute Werte erreicht, wenn die Parameterwahl im Vorfeld zu sehr schlechten Ergebnissen bei den monokriteriellen Zielfunktionen geführt hat. Als akutes Beispiel aus der durchgeführten Erhebung können hier die in Tabelle 5 einzusehenden Werte angeführt werden: Das ermittelte Ergebnis der Zielfunktion liegt mit rund 1,077 ca. 40% unter dem von Rao et al. ermittelten optimalen Wert von 1,811. Die hier angelegte Parameterkombination von w=1, c_p=1,3 und c_g=2 müsste somit besser sein als die von den Autoren vorgeschlagene. Bei der Betrachtung der Werte wird jedoch deutlich, dass die vermeintlich optimalen Werte extrem schlecht sind. In Tabelle 6 kann ein Vergleich zwischen den verschiedenen, in der multikriteriellen Zielfunktion verwendeten Werten vorgenommen werden. Die Werte $Z_{i,opt,n}$ entsprechen den in Formel (2.4) angegebenen Werten Z_{1min}, Z_{2min} und Z_{3max}, also den in der entsprechend aktuellen Wiederholung n ermittelten, monokriteriellen Optima der verschiedenen Zielfunktionen. Z_i sind die im multikriteriellen Durchlauf ermittelten Werte für die entsprechenden (monokriteriellen) Zielfunktionen Z_1, Z_2, Z_3 , welche durch $Z_{i,opt,n}$ auf ein vergleichbares Niveau gebracht werden sollen. Zum Vergleich sind in der letzten Spalte die realen (bislang ermittelten) optimalen Ergebnisse angegeben. Die wichtigste Referenzspalte ist jedoch $Z_{Rao\ et\ al}$, welche die Ergebnisse des Papers für die einzelnen Zielfunktionen bei der multikriteriellen Optimierung bei dem Ergebnis von 1,811 enthält. Sie zeigt, dass trotz des höheren Ergebnisses von Z bei Rao et al. (bei einer Minimierungsfunktion) Z_1 und Z_2 besser sind als jene, welche von der durchgeführten Erhebung hervorgebracht wurden. Z_3 hingegen ist tatsächlich weit schlechter ausgeprägt, was die Beurteilung insgesamt schwierig macht. Bei der vergleichenden Betrachtung von $Z_{opt, global}$ und Z_i erscheint es mit Blick auf das Verhältnis bei i=1 und i=2 als unwahrscheinlich, dass diese Kombination aus Tabelle 5 ein optimales Ergebnis darstellt.

Tabelle 5: Ausschnitt aus der Datenerhebung zu Z.

w	C_p	C_g	Z_1_Min	Z_2_Min	Z_3_Max	Z_1	Z_2	Z_3	Z
1	1,3	2	61,279877	11,8538121	15,58469806	189,131591	22,947371	18,3316159	1,07712242

Die Tabelle 5 ist somit ein Indiz dafür, dass die von den Autoren angegebene Verwendung der kombinierten Zielfunktion kein Maßstab für eine optimale Parameterwahl sein kann. Aus diesem Grund wurde die Erhebung für diese Funktion in veränderter Form wiederholt. Anstelle der in der aktuellen Wiederholung ermittelten besten Werte werden die Referenzwerte zu Konstanten und erhalten die in den Unterpunkten 3.2.1.1-3.2.1.3 angegebenen, monokriteriell optimalen Werte als Ausprägung. Auf diese Weise wird die Zielfunktion besser, je näher die im aktuellen Durchlauf ermittelten Ergebnisse den bislang als optimal anzunehmenden Werten kommen. Die deskriptive Analyse dieser Erhebung wird im Folgenden dargestellt und soll mit als Entscheidungsgrundlage für eine optimale Parameterwahl dienen. Die Daten aus der von Rao et al. vorgeschlagenen Verwendung der Funktion sollen aus den eben dargestellten Gründen nicht berücksichtigt werden.

Tabelle 6: Werte der Funktion Z im Vergleich mit den besten monokriteriellen Werten.

	$Z_{i,opt,n}$	Z_i	$Z_{Rao\ et\ al.}$	$Z_{opt, global}$
Inaccuracy	61,28	189,13	39,34	17,428
Sparks	11,85	22,95	3,39	1,054
Removal	15,58	18,33	8	26,67

Bei dieser Zielfunktion ist die Verteilung der Parameterqualität weit enger gestaffelt ist als bei den bisherigen Funktionen. Über die Hälfte (2014 von 3970) der Mittelwerte weichen um weniger als 1% von dem besten Mittelwert ab. 1664 davon sogar weniger als ein halbes Prozent. Aus diesem Grund wurde die Intervalle sehr klein gehalten. Es gilt:

schlecht:	>5,07524
mittel:	5,03-5,07524
gut:	5,02749-5,03
sehr gut:	<5,02749.

Damit weichen sehr guten Werte nur um 0,05% vom besten Wert ab, die guten um 0,1% und die als mittel bewerteten um 1%. Bei der Betrachtung der Matrizen ist bei diesen Intervallen ein Verhalten der Parameterqualität zu beobachten, dass dem der anderen Zielfunktionen ähnelt. Es beginnt bei w=0 mit einer aufgrund der engen Skala relativ schlechten Matrix und verändert sich wie zuvor bei den andern Zielfunktionen von unten nach oben zum Besseren. Auch der Bruch in der Menge der sehr guten Lösungen vollzieht sich zwischen w=0,5 und w=0,6 ähnlich stark, so dass ab w=0,8 nur noch schlechte Lösungen in der Matrix existieren. Die Qualität der roten Flächen ist darüber hinaus bei großen w im Mittel zwar minimal besser als bei kleinen w, jedoch auch mit einer Standardabweichung belegt, die höher ist als der Mittelwert.[57] Das Histogramm in Abbildung 24 zeigt die rechtssteile Verteilung der Werte aus der besten Gruppe (absolute Abweichung <0,05%) auf die Gewichtung w. Der angesprochene Bruch zwischen 0,5 und 0,6 mit dem darauf folgenden schnellen Qualitätsverlust der Parameter wird auch hier deutlich.

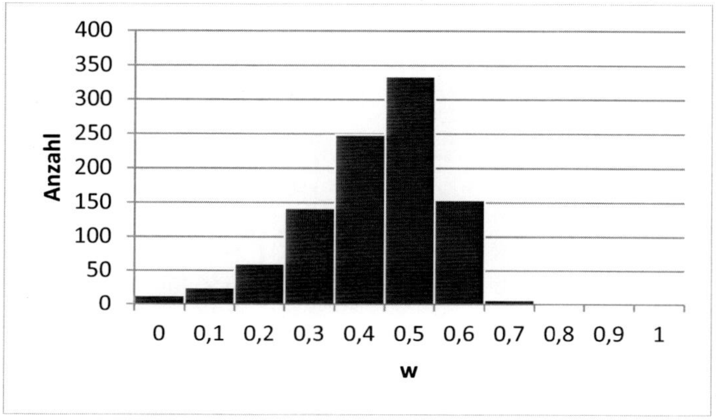

Abbildung 22: Häufigkeitsverteilung der besten Kombinationen in Bezug auf w bei Z_3.

Die Regionen für die c-Werte sind weit schwieriger zu begrenzen. Während sich bei w=0,4 noch eine zusammenhängende Region mit sehr guten Lösungen ergibt werden die Regionen anderer w zunehmend von mittleren bis schlechten Lösungen unterbrochen, je weiter sie von w=0,4 abweichen. Da vereinzelte „gelbe" Unterbrechungen aufgrund der sehr kleinen Intervalle jedoch nur Abweichungen von weniger als 1% bedeuteten, sollen dennoch die folgenden Grenzen für die *Region guter Parameterqualität* gezogen werden:

[57] $\overline{x}_{w=1} \approx 3,3752,\ \tilde{s}_{w=1} \approx 3,5383$ und $\overline{x}_{w=0} \approx 3,5937,\ \tilde{s}_{w=0} \approx 0,8195$

$$c_g \in \begin{cases} [1,85;2,0], & \text{für } w=0.3 \\ [1,65;2,0], & \text{für } w=0,4 \\ [1,3;2,0], & \text{für } w=0.5 \\ [1,0;1,3], & \text{für } w=0.6 \end{cases}$$
$$c_p \in \begin{cases} [1,0;2,0], & \text{für } w=0.3 \\ [1,0;2,0], & \text{für } w=0,4 \\ [1,0;1,75], & \text{für } w=0.5 \\ [1,0;1,3], & \text{für } w=0.6 \end{cases} \qquad (3.5)$$

In dieser Darstellung werden zum einen die Ausmaße der Region als auch die Wanderung bei steigenden w durch den Parameterraum der c-Werte deutlich. Verglichen mit den Regionen der Zielfunktionen Z_1-Z_3 werden die Gebiete um Bereiche bei w=0,3 und w=0,6 ergänzt, was im Rückschluss bedeutet, dass, da die ursprünglichen Grenzen ähnliche Dimensionen aufweisen, die Menge an sehr guten Parameterkombinationen im Fall der multikriteriellen Optimierung größer ist als bei der monokriteriellen. Tabelle 7 zeigt darüber hinaus, dass es in dieser großen Menge schwerer ist, eine tatsächlich optimale Kombination zu finden, da die Mittelwerte nur minimal variieren und sich keine typische Kombinationsart wie bei den monokriteriellen Zielfunktionen beobachten lässt. Die Werte verhalten sich sprunghaft und sind über die Region verteilt. Abbildung 25 zeigt immerhin eine Vorteilhaftigkeit der Gewichtung w=0,4 gegenüber den anderen w-Werten in den besten 50 Kombinationen, gemessen am erzielten Mittelwert. Werden diese 35 Kombinationen mit w=0,4 genauer betrachtet (Anhang 7), so ist zu erkennen, dass auch hier, wie bei den monokriteriellen Zielfunktionen häufiger festgestellt, erneut (meist sehr) hohe c_g-Werte mit niedrigen c_p-Werte kombiniert werden. Anhang 8 wiederum zeigt, dass für w=0,5 in den besten 50 Parametern vor allem mittlere c_g- mit niedrigen c_p-Werten kombiniert werden. Zusammen machen diese Regionen 94% der 50 besten Kombinationen aus, weshalb die Grenzen

$$c_g \in \begin{cases} [1,65;2,0], & \text{für } w=0,4 \\ [1,3;1.65], & \text{für } w=0.5 \end{cases}$$
$$c_p \in \begin{cases} [1,0;1,5], & \text{für } w=0,4 \\ [1,0;1.35], & \text{für } w=0.5 \end{cases} , \qquad (3.6)$$

welche eine Teilregion der *monokriteriellen Regionen guter Parameterqualität* darstellen, als die Grenzen der *Region multikriteriell guter Parameterqualität* definiert werden sollen. Aufgrund der minimalen Abweichungen zwischen den Mittelwerten (0,0000372% zwischen dem ersten und dem fünfzigsten Wert) soll auch hier noch keine Kombination als überlegen angegeben werden.

Tabelle 7: Die 10 besten Mittelwerte der multikriteriellen Optimierung

w	c_g	c_p	$\overline{X}$
0,5	1,3	1,25	5,024984694
0,4	1,85	1,05	5,024984699
0,5	1,45	1,1	5,024985154
0,5	1,65	1,05	5,024985229
0,5	1,3	1,35	5,024985288
0,4	1,95	1,35	5,024985347
0,5	1,65	1,1	5,024985356
0,4	1,8	1,45	5,024985454
0,4	1,85	1,55	5,024985561
0,4	1,9	1,05	5,024985568

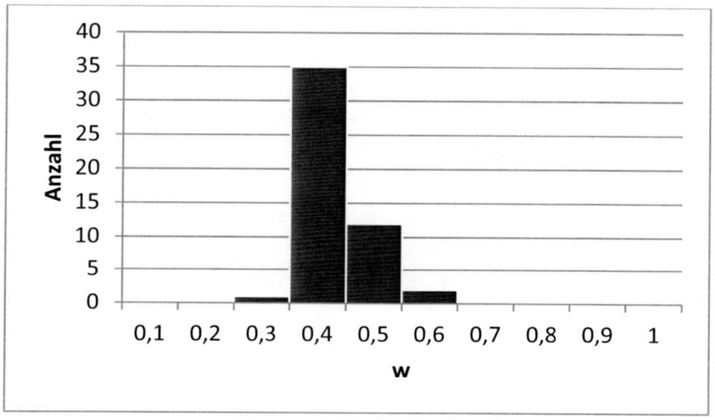

Abbildung 23: Häufigkeiten der Gewichtung w in den besten 50 Kombinationen.

3.2.2 Vergleich mit den Ergebnissen bei hoher Vektorbegrenzung

Wie in Kapitel 2 angeführt, haben schon Shi und Eberhart (1998) den Zusammenhang zwischen der Vektorbegrenzung V_{max} und der Gewichtung w untersucht und dabei herausgefunden, dass w für optimale Ergebnisse variiert werden muss, wenn die Bewegungsgeschwindigkeit der Partikel auf andere Weise limitiert wird. Aus diesem Grund wurde auch für diese Problemstellung eine Datenerhebung mit einer Vektorbegrenzung von 50% der Dimensionsgröße vorgenommen, um im Vergleich zu den bisher verwendeten Daten aus der Erhebung mit einem V_{max} von 10% (der Dimensionsgröße) eine qualifizierte Aussage über den Einfluss der Schranke auf die Parameterwahl und insbesondere auf die identifizierten Regionen machen zu können. Zunächst sollen die in Anhang 9 einzusehenden absoluten Häufigkeiten für die verschiedenen monokriteriellen Zielfunktionen betrachtet werden. Es ist zu beobachten, dass bis auf einige leichte Verschiebungen die absoluten Häufigkeiten relativ ähnlich verteilt sind. Bei den feiner unterteilten Intervallen gibt es im Fall von V_{max}=10% bei Z_1 und Z_2 etwas mehr sehr gute Lösungen, bei Z_3 etwas weniger. Die intuitiven, gröberen Einteilungen bei Z_2

und Z_3 verhalten sich genau umgekehrt zu den letztendlich angewendeten Intervallen. Kumuliert liegen aber bei V_{max}=50% bei allen Zielfunktionen (außer bei der intuitiven Einteilung von Z_3) mehr Mittelwerte im guten bis sehr guten Bereich als bei V_{max}=10%. Die beobachtbare Ähnlichkeit setzt sich auch in der Qualität der Ausprägungen fort. Tabelle 8 gibt die jeweils 10 besten, mittleren Ergebnisse der ECM Zielfunktionen mit ihren Standardabweichungen wieder. Dabei ist vor allem zu erkennen, dass es so gut wie keine qualitativen Unterschiede gibt. Bei Z_2 sind sogar die Häufigkeiten der beiden (gerundeten) Ausprägungen identisch. Die Unterschiede in den Standardabweichungen zwischen den an gleicher Stelle im Ranking liegenden Werten liegen in der Regel im Bereich der fünften bis sechsten Nachkommastelle und sind von daher als nahezu identisch anzusehen. Es sind somit im relevanten Bereich der besten Ergebnisse keine qualitativen Unterschiede zwischen hoher und niedriger Vektorbegrenzung zu erkennen.

Tabelle 8: Die 10 besten Mittelwerte der ECM-Zielfunktionen für V_{max}=50% bzw. 10%

Z_1		Z_2		Z_3		Z	
$\bar{x}$	$\tilde{s}$	$\bar{x}$	$\tilde{s}$	$\bar{x}$	$\tilde{s}$	$\bar{x}$	$\tilde{s}$
			V_{max}=50%				
17,428460	0,000000	1,054109	0,000000	26,670118	0,000023	5,024985	0,000001
17,428460	0,000000	1,054109	0,000001	26,670108	0,000047	5,024985	0,000001
17,428460	0,000000	1,054109	0,000001	26,670095	0,000075	5,024985	0,000001
17,428460	0,000000	1,054109	0,000002	26,670089	0,000103	5,024985	0,000001
17,428460	0,000000	1,054109	0,000001	26,670076	0,000096	5,024985	0,000001
17,428460	0,000000	1,054110	0,000002	26,670065	0,000170	5,024985	0,000002
17,428460	0,000000	1,054110	0,000001	26,670045	0,000129	5,024985	0,000001
17,428460	0,000000	1,054110	0,000003	26,670043	0,000168	5,024985	0,000001
17,428460	0,000000	1,054110	0,000003	26,670022	0,000185	5,024985	0,000002
17,428460	0,000000	1,054110	0,000005	26,669987	0,000223	5,024985	0,000002
			V_{max}=10%				
17,428460	0,000000	1,054109	0,000000	26,670136	0,000005	5,024985	0,000001
17,428460	0,000000	1,054109	0,000001	26,670121	0,000036	5,024985	0,000001
17,428460	0,000000	1,054109	0,000001	26,670119	0,000027	5,024985	0,000001
17,428460	0,000000	1,054109	0,000001	26,670111	0,000040	5,024985	0,000001
17,428460	0,000000	1,054109	0,000002	26,670104	0,000061	5,024985	0,000002
17,428460	0,000000	1,054110	0,000002	26,670097	0,000061	5,024985	0,000001
17,428460	0,000000	1,054110	0,000003	26,670090	0,000067	5,024985	0,000002
17,428460	0,000000	1,054110	0,000002	26,670081	0,000094	5,024985	0,000002
17,428460	0,000000	1,054110	0,000002	26,670066	0,000109	5,024986	0,000002
17,428460	0,000000	1,054110	0,000003	26,670061	0,000208	5,024986	0,000001

Neben Verteilung und Qualität müssen abschließend noch die angelegten Parameter bei den ermittelten besten Ergebnissen betrachtet werden. Anhang 10 zeigt einen Vergleich der besten

Parameterkombinationen der vier ECM-Zielfunktionen für die beiden angelegten Vektorbegrenzungen. Hier wird vor allem eines deutlich: Es gibt keine absolut überlegene Kombination. Bei einer Veränderung der maximalen Vektorgröße ändert sich auch die Parameterkombination, welche zum besten Ergebnis führt.[58] Was sich jedoch nicht ändert, ist die Lage der *Region guter Parameterqualität* im Parameterraum. Der Vergleich zeigt, dass die überlegenen Kombinationen aus den gleichen Bereichen derselben Matrizen kommen. Gelingt es also, die *Region guter Parameterqualität* zu ermitteln, so ist es irrelevant, welchem externen Einfluss der Vektorbegrenzung die Suche unterliegt. Es ergeben sich keine Qualitätsunterschiede im relevanten Bereich der besten Ergebnisse. Sollte sich für andere Problemstellungen die Region verschieben, so ist es umso wichtiger, dass es ein Verfahren gibt, mit dem die Region identifiziert werden kann. Denn dass auch bei verändertem V_{max} eine RgP existiert konnte in dieser Untersuchung nachgewiesen werden. Der nächste Unterpunkt wird zeigen, dass die Region als Garant für eine sehr gute Lösung hinreichend ist.

3.2.3 Analyse der Regionen guter Parameterqualität

In den letzten Unterpunkten wurde festgestellt, dass für die betrachtete Problemstellung des ECM-Modells Parameterkombinationen, welche zu sehr guten Lösungen der betrachteten Zielfunktion führen, in bestimmten Regionen innerhalb des Parameterraumes liegen. Vor allem Tabelle 8 lässt den Schluss zu, dass die Ergebnisse dieser Region im Mittel sehr nah beieinander liegen und eine extrem geringe Streuung aufweisen. Um diese Hypothese genauer zu quantifizieren, wurden für die in 3.2.1 herausgearbeiteten Parameterräume für das ECM Modell eine Erhebung mit n=100 durchgeführt mit dem Ziel, aussagekräftigere Lage- und Streuungsparameter für die Verteilungen innerhalb der gesteckten Grenzen zu erhalten.

Tabelle 9 entspricht einer in der Statistik üblichen 5-Punkte-Zusammenfassung für Verteilungen. Sie gibt für jede Zielfunktion den Median, das 25%- und das 75%-Quantil sowie den höchsten und den niedrigsten Wert der arithmetischen Mittel über alle n=100 Wiederholungen wieder.[59] Sehr gut zu erkennen ist in dieser Zusammenfassung, wie gering die Abweichungen der mittleren Ergebnisse für die jeweiligen Zielfunktionen sind. Tabelle 10 zeigt darüber hinaus zur besseren Verständlichkeit die prozentualen Abweichungen der einzelnen Größen von dem minimalen Wert an. Hier wird deutlich, dass die Regionen nicht nur eine, in der Regel, geringe Streuung in der Parameterqualität pro Parameterkombination aufweisen, sondern das die Parameter der Region qualitativ auch insgesamt sehr nah beieinander liegen. Die prozentualen Abweichungen liegen zwischen dem besten und dem zweitschlechtesten Mittelwert ($X_{Zi,Max-1}$) bei jeweils unter einem Prozent.[60] Im Vergleich zum schlech-

[58] Dieser Effekt kann Aufgrund von sehr ähnlichen Mittelwerten und etwas unterschiedlichen Standardabweichungen auch schon zwischen zwei Durchläufen bei gleicher Vektorbegrenzung auftauchen.
[59] vgl. Fahrmeir et al. (2004), S. 64ff
[60] $X_{Z1,Max-1}$ = 17.543785, $Z_{1,\Delta Min/Max-1}$ 0,6617%; $X_{Z2,Max-1}$ = 1,05956, $Z_{2,\Delta Min/Max-1}$ 13,765%.

testen Wert steigt die Abweichung dann bei Z_1 auf 1,082955% und bei Z_2 auf 13,7658% an. Alle vier Zielfunktionen weisen relativ geringe Abstände in den oberen Quantilen auf. Größere Distanzen treten vor allem erst nach dem 75%-Quantil auf. Würde ein Intervall über die Ausprägungen gebildet, so ließen sich hier vor allem rechtssteile Verteilungen beobachten. Aufgrund der hohen Qualität aller Parameter der Region ist die Wahl eines bestimmten Parameters aus dem 75%-Quantil der Region, gemessen an der erzielbaren Ergebnisqualität, als indifferent zu allen andern Kombinationen des Quantils zu betrachten, wenn die Möglichkeit für ausreichend viele Durchläufe bzw. eine größere Anzahl an Wiederholungen existiert.

Tabelle 9: 5-Punkte-Zusammenfassung für die Verteilung der arithmetischen Mittel über alle n=100 Wiederholungen für die *Regionen guter Parameterqualität*

Z_i	$\bar{X}_{Min}$	$\bar{X}_{0,25}$	$\bar{X}_{Med}$	$\bar{X}_{0,75}$	$\bar{X}_{Max}$
Z_1	17,42846028533	17,4284614508	17,4284933896	17,42994285741	17,61720260747
Z_2	1,054123799	1,054146463	1,054168877	1,054197502	1,199272219
Z_3	26,56518513	26,61148275	26,62697136	26,6400141	26,66215508
Z	5,024986351	5,024988038	5,025005196	5,025859464	5,032559996

Tabelle 10: gerundete prozentuale Abweichung der einzelnen Größen vom Minimalwert.

Z_i	$Z_{i\Delta Min/\,Min}$	$Z_{i\Delta Min/\,25\%}$	$Z_{i\Delta Min/\,Med}$	$Z_{i\Delta Min/75\%}$	$Z_{i\Delta Min/Max}$
Z_1	0%	0,000007%	0,000180%	0,008507%	1,082955%
Z_2	0%	0,002150%	0,004276%	0,006991%	13,76580%
Z_3	0%	0,174279%	0,232584%	0,281681%	0,365026%
Z	0%	0,000034%	0,000375%	0,017375%	0,150720%

Zur Beurteilung der Parameterqualität bei wenigen Wiederholungen müssen die arithmetischen Mittel und vor allem die Standardabweichungen der einzelnen Kombinationen betrachtet werden. In Abbildung 26 sind die Standardabweichungen der ECM-Zielfunktionen als Ausprägung ihrer Position in einer nach der Ergebnisqualität sortierten Liste graphisch dargestellt. Zur besseren Vergleichbarkeit sind die Standardabweichungen als Prozentsatz in Relation zu ihrem jeweiligen arithmetischen Mittel angegeben. Abgesehen von der Maximierungsfunktion zur Abtragrate (Z_2) verhalten sich alle drei Regionen ähnlich: Sie scheinen mit einer angepassten e-Funktion approximierbar zu sein, da ihnen sowohl das Asymptomatische (bei besser werdenden Ergebnissen) als auch das plötzlich exponentiell wachsende (bei Kombinationen mit schlechten Ergebnissen) zu eigen ist. Die Approximationen sind somit monoton steigend und repräsentieren vor allem die Existenz teils extremer Ausreißer. In der Graphik zu Z_2 wurde der schlechteste Wert (840%) ausgelassen, da er mit seiner extrem schlechten Ausprägung die Graphik unbrauchbar gemacht hätte. Bei der Betrachtung der

Lage der zu größeren Abweichungen führenden Parameterkombinationen sind keine deutlichen Lagemuster zu erkennen. Es lässt sich nur sagen, dass sie auffallend oft am Rand oder in der Nähe des Randes der Globalgewichtung liegen. Vor allem zeigen die Graphen jedoch, dass bei allen drei Funktionen eine sehr große Anzahl an Kombinationen vorhanden sind, die selbst bei 100 Wiederholungen langfristig keinen nennenswerten, bei Z_1 teilweise sogar garkeinen Schwankungen unterliegen. Da die Ablesbarkeit vor allem jedoch bei dieser Funktion durch die letzten Werte eingeschränkt ist, wird in Abbildung 27 die Standardabweichung für das 75%-Quantil graphisch wiedergegeben. Zwar findet auch in dieser Graphik ein starker Anstieg statt, die Spitzenwerte bleiben dabei jedoch noch unter 0,08% Abweichung zum arithmetischen Mittel.

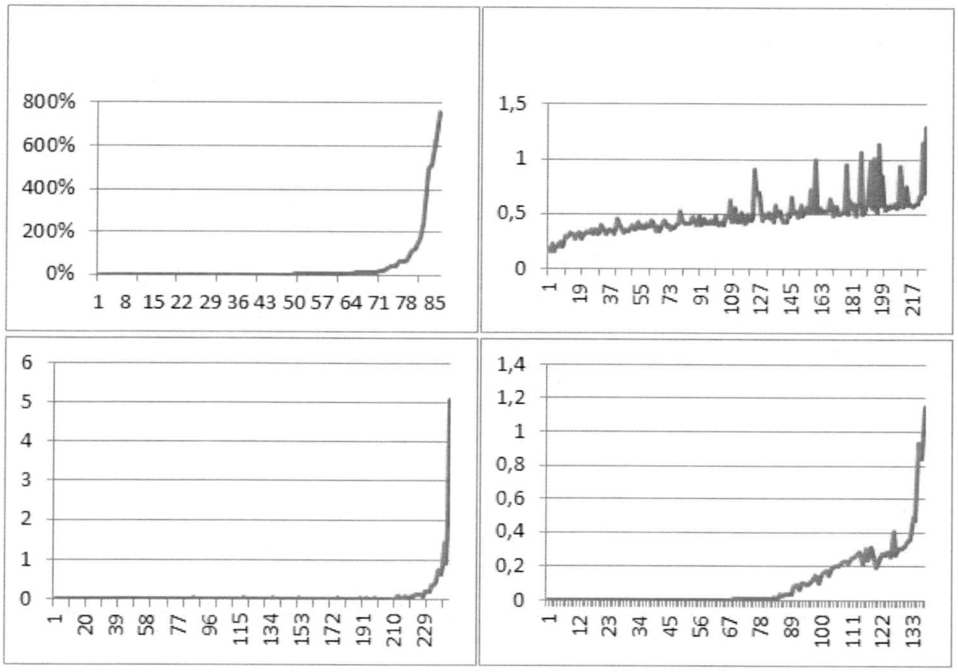

Abbildung 24: Standardabweichungen der Parameterkombinationen bei n=100. Sortierung (qualitativ) aufsteigend nach Mittelwerten. Oben links: Z_1, Unten links: Z_2, Oben rechts: Z_3, Unten rechts: Z. Werte der y-Achse in %.

Bei Z_3 (oben rechts) ist die Aussage ebenfalls weniger eindeutig, wenn auch nicht aufgrund großer Wertunterschiede. Aus der Tatsache, dass der errechnete Mittelwert besser ist kann hier nicht automatisch (zumindest nicht mit der Wahrscheinlichkeit der anderen Funktionen) auf eine geringere oder ähnlich gute Standardabweichung geschlossen werden, auch wenn ein positiver Trend vorhanden ist. Die Treppenfunktion der Standardabweichung in Abbildung 28 zeigt, dass ca. 80% der Standardabweichung im Bereich von 0,3-0,6% und alle unterhalb von 1,4% liegen, was, trotz fehlender Systematik, die Güte der Parameter auch bei dieser Funktion belegt.

Ausgehend von einer nach der Standardabweichung sortierten Liste beinhalten die folgenden Quantile ausschließlich Kombinationen, für die $\tilde{s} \leq 1\%$ bzw. $\tilde{s} \leq 0,5\%$ gilt:

- Z_1: 90% bzw. 87%-Quantil
- Z_2: 98% bzw. 95%-Quantil
- Z_3: 97% bzw. 61%-Quantil
- Z: 99% bzw. 97%-Quantil.[61]

Vor allem vor dem Hintergrund, dass andere Parameter Mittelwerte hervorgebracht haben, die 600-1100% höher lagen als die Minimalen (bzw. unter 40% des bei dem Maximierungsziel möglichen) zeigt sich, dass trotz der zielfunktionsspezifischen Unterschiede diese Werte außergewöhnlich gut sind und bestätigen die schon in den letzten Unterpunkten angebrachte Vermutung, dass das Finden einer *Region guter Parameterqualität*, vor allem vor dem Hintergrund, dass aus der entstehenden Lösungsmenge nur das beste Ergebnis benötigt wird, ein Garant für die Ermittlung einer sehr guten Lösung ist.

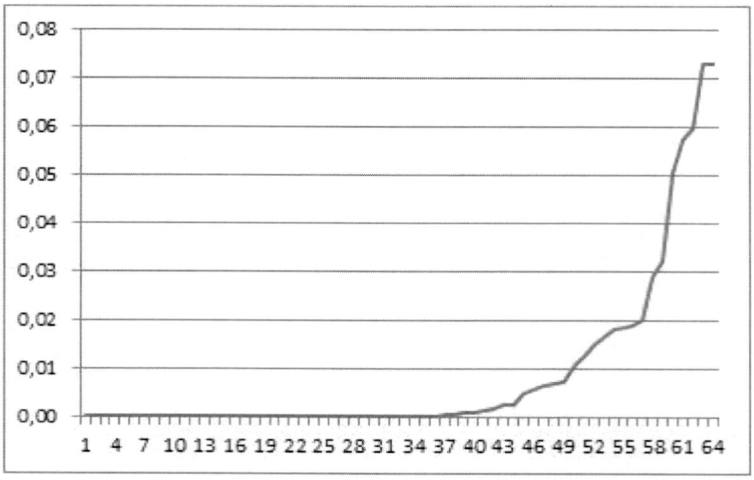

Abbildung 25: Standardabweichung der RgP des 75%-Quantils von Z_1. Werte der y-Achse in %.

[61] Die Werte wurden jeweils abgerundet.

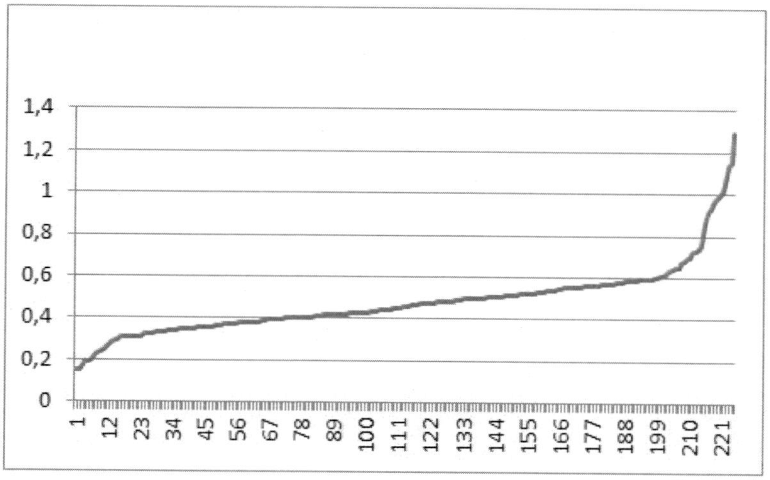

Abbildung 26: Treppenfunktion der Aufsteigend sortierten Standardabweichungen von RgP von Z_3. Werte der y-Achse in %.

3.2.4 Stellungnahme zur Parameterwahl von Rao et al. und der Lösung des ECM

Wie in Kapitel 2 bereits erwähnt haben die Autoren nach eigener Aussage jedoch ohne Angabe des genauen Prozesses die angelegte Parameterkombination von w=0,65, c_p=1,65 und c_g=1,75 durch ausprobieren ermittelt. Somit ist rein aus dem Paper heraus keine Aussage über die Qualität der Auswahl oder der erzielten Ergebnisse möglich. Vor allem die Tatsache, dass ein Ergebnis gegen eine Nebenbedingung verstößt erschwert ein Urteil über die Güte. Aus diesem Grund werden sie in Anhang 11 nach Zielfunktionen sortiert im Vergleich zu drei anderen Parameterkombinationen aus der zu Beginn dieses Kapitels analysierten, breit angelegten Erhebung graphisch dargestellt. Es handelt sich dabei um die Kombinationen mit

- dem niedrigsten Mittelwert,
- dem höchsten Mittelwert bzw.
- der größten Streuung.

Für die Graphik der multikriteriellen Zielfunktion wurden die Werte der Kombination mit dem zweithöchsten Mittelwert verwendet, da die eigentliche Kombination mit 3 sehr großen Ausreißern die Graphik unbrauchbar gemacht hätte.[62] Des Weiteren wurde hier auf die Abbildung der Standardabweichung verzichtet, da extrem schlechte Kombinationen existieren, welche mit Abweichungen um teilweise mehr als 1500% die gleiche Wirkung gehabt hätten (die schlechteste Kombination ist die gleiche wie bei der Standardabweichung, die zweitschlechteste ist aufgrund ihrer Werte jedoch auch nicht abbildbar; Beide sind in Anhang 12 einzusehen). Dennoch ist sehr gut erkennbar, dass für jede Zielfunktion eine absolut überlegene Parameterkombination existiert, welche in allen 100 Wiederholungen nahezu keine Standardabweichung aufweist (rot). Die Parameter von Rao et al.

[62] Die jetzigen Daten wurden um einen Ausreißer von 44,261 geglättet, da auch dieser die visuelle Interpretierbarkeit beeinträchtigt hat.

(schwarz) sind in allen Fällen weit schlechter was ihre Schwankungen betrifft, erreichen zumindest jedoch immer wieder das Niveau der besten Lösungen, so dass bei der Durchführung von ausreichend vielen Wiederholungen die zur Zeit besten bekannten Ergebnisse erreicht werden können. In der durchgeführten Erhebung wurden mit den gleichen Parametern teils bessere Ergebnisse erzielt als zuvor von den Autoren angegeben, was wiederum auf einen starken Einfluss der Standardabweichung bei dieser Kombination und zu wenige Durchläufe seitens der Autoren schließen lässt. Letzteres, wenn denn so geschehen, kann wiederum eine Folge der Unkenntnis über das Parameterverhalten sein und wäre ein Indiz für die Notwendigkeit der Entkopplung der Parameterwahl von der PSO-Durchführung. Bei allen vier Funktionen sind die Parameter aus der Literatur allerdings weit besser als jene, am Mittelwert gemessene, schlechteste Parameterkombination (grün) und als jene mit der größten Standardabweichung (violett).

Tabelle 11 zeigt vergleichend die erzielten Ergebnisse der hier durchgeführten Erhebung und jene aus der Literatur. Die durchgestrichenen Werte sind gemäß der zuvor in diesem Buch angeführten Argumentation nicht gültig. In den beiden anderen Fällen waren jeweils, wenn im einem Fall auch nur minimale, Verbesserungen möglich. Tabelle 12 gibt die besten Positionen der Partikel, also die Variablenwerte des ECM, wieder. Für Z_1 zeigt sich hier, dass möglichst kleine Werte vorteilhaft sind, so dass jene Kombination die beste ist, welche am unteren Rand der ECM-Dimensionen noch zulässig ist (vgl. Formel (3.1)). Dabei haben f und U einen größeren Einfluss auf das Ergebnis, weshalb diese Werte absolut minimal gewählt werden und V bei diesen beiden Werten bis kurz vor den Verstoß gegen die zweite Nebenbedingung abgesenkt wird.

Tabelle 11: Vergleich der besten ermittelten Ergebnisse.

	Z_1 (in µm)	Z_2 (in Funken/mm)	Z_3 (in µm/s)	Z
Rao et al.	~~15,452~~	1,055	25	~~1,811~~
Eigene Erhebung	17,42846	1,054108	26,67014	5,02498

Bei der besten Kombination von Z_2 werden f und V bei genau 8 bzw. 21 gewählt. U weicht nur um 0,000113 nach oben von den 300cm/s ab. Diese Abweichung liegt jedoch am Verfahren, was bedeutet, dass kein Partikel den kleinen Schritt hin zu U=300 gemacht hat, denn werden die Werte eingesetzt so ist zu erkennen, dass sie gegen keine Nebenbedingung verstoßen. Z_2 wird kleiner, je kleiner f und V sind und je größer U wird. Da die Extreme nicht durch die Nebenbedingungen begrenzt werden liegen alle Werte am Rand der jeweiligen Dimension. Z_3 ist mit Z_3=f (Maximierung) weniger eindeutig aber erklärbar. Ist V≤21, so muss f sinken damit weiterhin die Nebenbedingungen erfüllt sind. Gleiches gilt bei einem konstanten V für ein nach oben oder unten abweichendes U. Bei konstantem U und V verstößt schon f=26,68 gegen eine Nebenbedingung. Der Verstoß gegen die

Nebenbedingungen vollzieht sich beim Überschreiten des Wertes x für den $26.6701 \leq x \leq 26.6702$ gilt. Von daher kann davon ausgegangen werden, dass die PSO mit f=26,6701434513591 zumindest das lokale Optimum gefunden hat.

Tabelle 12: Ermittelte ECM-Dimensionswerte für die verschiedenen Funktionen.

	Z_1 (in µm)	Z_2 (in Funken/mm)	Z_3 (in µm/s)	Z
f	8	8	≈26,67	8
U	300	≈300	≈312,59	≈362,27
V	10,1738171	21	21	≈13,845

Für die multikriterielle Optimierung haben sich die einzeln nur schwer interpretierbaren Werte aus der letzten Spalte ergeben. Die Abtragmenge liegt mit f=8 am unteren Dimensionsrand, da sie einen, wertend, sehr negativen Einfluss auf die erste Zielfunktion hat, welcher durch den positiven auf die Abtragrate in der multikriteriellen Funktion nicht ausgeglichen werden kann. Die sich ergebenden Ergebnisse sind in Tabelle 13 angegeben. Sie liegen nahe bei denen, welche Rao et al. angeführt haben, was bedeuten muss, dass es bei der Durchführung der Erhebung nach dem ursprünglichen Prinzip zu einer, unter den zuvor erläuterten Umständen als glücklich zu bezeichnenden, Kombination gekommen sein muss. Der niedrigere Zielfunktionswert resultiert hier wie zuvor angeführt somit auf der vorangegangenen, schlechteren, monokriteriellen Optimierung. Da sich durch die Abänderung der Zielfunktionsanwendung der multikriterielle Zielfunktionswert im Niveau geändert hat und die monokriteriellen Ergebnisse (Z_{1min}, Z_{2min}, Z_{3max}) von Rao et al. nicht angegeben wurden, ist es jedoch nicht möglich eine Aussage über die Vorteilhaftigkeit von einer Kombination über die andere zu treffen, da nicht bekannt ist, ob die Erhöhung von Z_1 um 3,615 durch die Reduzierung von Z_2 um 0,375 gerechtfertigt werden kann bzw. ob das Gesamtergebnis dadurch besser wird. Es kann jedoch festgehalten werden, dass beide Interpretationen der multikriteriellen Zielfunktion zu ähnlichen Ergebnissen gelangen konnten.

Tabelle 13: Monokriterielle Ergebnisse bei der besten multikriteriellen Lösung.

	Z_1 (in µm)	Z_2 (in Funken/mm)	Z_3 (in µm/s)	Z
Rao et al.	39,34	3,39	8	1,811
Eigene Erhebung	42,955	3,015	8	5,025

Die angelegten Parameter, welche bei den einzelnen Zielfunktionen zu minimalen bzw. maximalen Ergebnissen geführt haben, sind in Tabelle 14 angegeben. Im Vergleich mit Kapitel 3.2.1 ist zu erkennen, dass sie jeweils Elemente der funktionsspezifischen *Region guter Parameterqualität* sind.[63] Sie sind hier nur als Beispiel zu verstehen, da das Ergebnis, vor allem in dieser gerundeten Variante, von jeder Kombination der Region ermittelt worden ist.

Tabelle 14: Parameterkombinationen mit den besten ermittelten Zielfunktionswerten.

	Z_1 (in µm)	Z_2 (in Funken/mm)	Z_3 (in µm/s)	Z
w*	0,5	0,5	0,4	0,5
c_p*	1,0	1,1	1,0	1,25
c_g*	1,7	1,8	1,65	1,3

Alles in allem lässt sich zu der von den Autoren vorgenommenen Parameterwahl empirisch evident sagen, dass sie nicht optimal ist, aufgrund ihrer Standardabweichung bei ausreichend vielen Wiederholungen jedoch auch zu sehr guten Ergebnissen führen kann. Diese wiederum waren, wie nachgewiesen werden konnte, nicht optimal, was als eine Folge der Parameterwahl gedeutet werden kann. Um das Risiko schlechter Lösungen und den benötigten Zeitaufwand zur Ermittlung sehr guter Ergebnisse zu reduzieren, sollten Parameter aus der RgP genutzt werden. Dieser Idee folgt auch der im nächsten Unterpunkt beschriebene und im Zuge dieser Ausarbeitung entwickelte Algorithmus. Das Programm wird zeigen, dass die Kenntnis von der Existenz einer RgP und deren Lokalität ausreicht, um hinreichend gute Lösungen zu generieren.

3.3 Stichprobenbasierter Algorithmus zur automatisierten Parameterwahl

Auf Basis der Beobachtungen aus den letzten Unterpunkten bezüglich des prinzipiellen Zusammenhanges zwischen Region und Qualität in Kombination mit dem außergewöhnlichen Niveau der erzielten Qualität in der Region und der Unabhängigkeit des Regionenprinzips gegenüber dem externen Einfluss von Vektorbegrenzung und probleminterner Zielfunktion wurde der folgende Algorithmus entwickelt. Er durchsucht den Parameterraum systematisch nach RgPs und konzentriert sich bei der Suche nach der besten Lösung ausschließlich auf diese Region. Durch dieses Suchverhalten gelingt es, die Parameterwahl von der Anwendung der PSO zu entkoppeln und die Rechenzeit zu reduzieren. Das genaue Vorgehen des Algorithmus soll zusammen mit seiner Programmierung und dem Nachweis der Funktionalität in den nächsten Unterpunkten dargelegt werden.

3.3.1 Prinzip und Programmierung

Im Verlauf dieses Buches wurden Parameterregionen der PSO gefunden, welche für die angelegte Problemstellung zu überdurchschnittlich guten Lösungen mit extrem geringer Standardabweichung auch bei einer großen Anzahl an Wiederholungen geführt hat. Ausgehend von der Beobachtung, dass

[63] Die Parameter beziehen sich auf eine Erhebung für die RgP mit n=100.

die beste Kombination ein Element der RgP ist lässt sich behaupten, dass eine Erhebung in den Grenzen der Region genügt, um eben jenen Wert zu ermitteln. Sie ist damit als hinreichendes Substitut der breit angelegten Suche aus 3.1 anzusehen. Da sich die Region jedoch problemabhängig verschieben kann ist es nicht möglich, bestimmte Grenzen als fix und generell verwendbar anzunehmen. Mit dem Ziel, die Regioneneigenschaft zur Laufzeitminimierung zu nutzen durchsucht der Algorithmus in einem ersten Schritt den Parameterraum gezielt nach einer *Region guter Parameterqualität*, um im Anschluss eine Erhebung innerhalb der Regionengrenzen durchzuführen. Dazu wird die Matrix von jedem w, wie sie bereits aus 3.2.1 bekannt ist, mit gleichmäßigen Stichproben belegt und der Zielfunktionswert Z als dessen Ergebnis zurückgegeben und gespeichert. Abbildung 29 zeigt die dabei verwendete Verteilung. Im Anschluss werden die Stichproben zu Clustern kombiniert (16 gleichmäßig verteilte und gleich große Quadrate), für welche das arithmetische Mittel der hervorgebrachten Lösungen gebildet wird. Dieser Mittelwert ist die Bewertung des jeweiligen Clusters und damit die Grundlage für das anschließende Ranking. Durch das Überschneiden der Regionen werden nur 25 Parameter für 16 Regionen benötigt, was die Rechenzeit enorm senkt, da für jede Kombination die Partikelschwarmoptimierung durchgeführt werden muss. Die Tatsache, dass bei der Suche für jede Kombination nur eine Wiederholung durchgeführt wird lässt die Standardabweichung als indirektes Kriterium in die Bewertung einfließen, da hierdurch Kombinationen mit geringer Standardabweichung bei guter Qualität häufig besser abschneiden während solche mit schlechter Qualität und hoher Abweichung weniger die Chance bekommen ein gutes (nicht repräsentatives) Ergebnis hervorzubringen. Die Region mit dem niedrigsten Mittelwert wird als RgP übernommen und ihre Grenzen als Suchraum an die PSO übergeben. Der Pseudocode für dieses Vorgehen lautet:

```
For (w=0; w≤1; w = w+0,1)
        for (c_p=1; c_p≤2; c_p = c_p+0,25)
                for (c_g=1; c_g≤2; c_p = c_g+0,25)
                        Übergebe Parameter an PSO (out Z(w,c_p,c_g));
Foreach(w)
        for(region=0; region<16, region++)
                {
                        wähle 4 Zielfunktionswerte Z_i aus; /* i ∈ 1,..,4 */
                        bilde X̄_Region von Z_1-4;
                }
region_best= Region mit bestem X̄;
Übergebe Grenzen region_best an PSO-Erhebung;
```

Als Grenzen werden die c_p-c_g-Werte der oberen linken und der unteren rechten Ecke der besten Region übernommen. Diese werden, wie beschrieben, an die PSO übergeben, welche, anstelle einer umfassenden Erhebung, nun eine Erhebung im relevanten Bereich der Region mit mehreren Wiederholungen durchführt. Das hierbei ermittelte, beste Ergebnis wird als Wert ausgegeben und gespeichert.

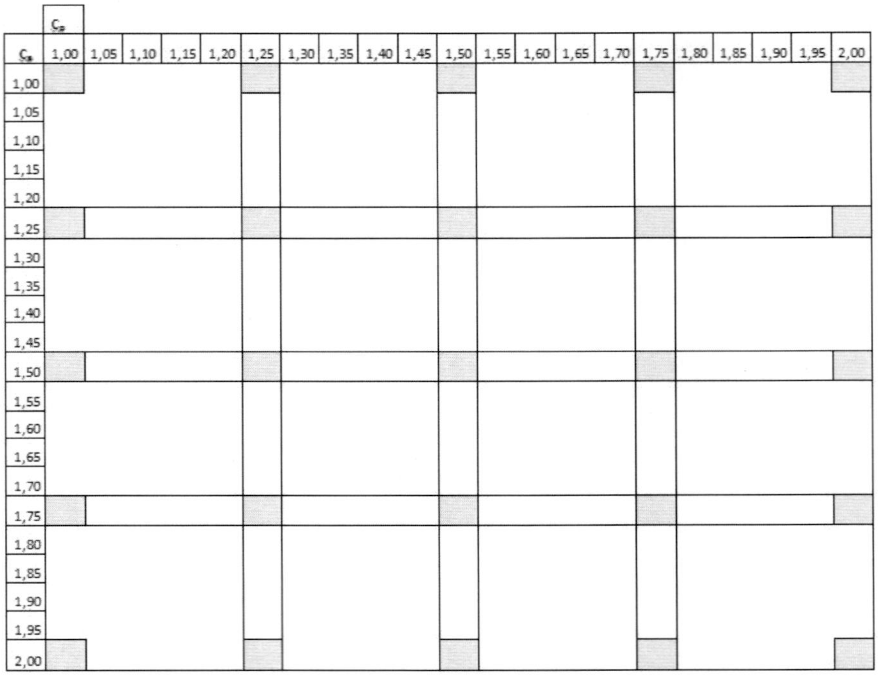

Abbildung 27: Stichprobenverteilung in einer beispielhaften c_p-c_g-Matrix.

Auf diese Weise wird auch der mögliche Effekt ausgeglichen, dass ein Teil des ausgewählten Clusters evtl. nicht Teil der RgP ist sondern durch eine Verzerrung der Stichprobe aufgenommen wurde. Denn für das Ergebnis genügt es, wenn eine der 36 Kombinationen Teil der Region ist, weshalb die Stichprobe der vier Clusterecken als hinreichend angenommen wird um die Region zu identifizieren.

Der große Vorteil dieses Verfahrens ist, dass es einfach zu programmieren ist und dem eigentlichen Verfahren nur vorgeschaltet werden muss. Eine Aufwendige Einbettung ist nicht nötig.

3.3.2 Funktionalität und Laufzeit

Zur Überprüfung des Algorithmus wurden 100 Durchläufe durchgeführt und abgespeichert. Tabelle 15 beinhaltet eine fünf-Punkte-Zusammenfassung der Ergebnisverteilungen. Sie demonstriert das außergewöhnlich hohe Niveau der Ergebnisse, vor allem bei den ersten beiden Zielfunktionen. Ihre Werte weichen pro Durchlauf nur so minimal ab, dass die Standardabweichung als nahezu gleich Null bezeichnet werden kann (vgl. Tabelle 16). Die Verteilung von Z_3 zeigt jedoch auch, dass es ratsam sein kann, mehr als einen Durchlauf für eine valide Datenerhebung zu nutzen, da der eine Ausreißer, welcher in der Zusammenfassung als minimaler Wert sofort auffällt, im unglücklichsten Fall zu falschen Schlussfolgerungen führen könnte. Bei dieser Funktion waren ca. 25% der Durchläufe schlechter als das von Rao et al. ermittelte Ergebnis, ein Wert liegt nur 0,25 unter dem bislang besten ermittelten. Das 25%-Quantil der nach Qualität sortierten Ergebnisse der Z_3-Funktion liegt um rund 0,5 unter dem besten Ergebnis aus Tabelle 11. Der resultierende Mittelwert in Tabelle 16 liegt dabei noch oberhalb des Ergebnisses von Rao et al.

Tabelle 15: 5-Punkte-Zusammenfassung der 100 PSO-Durchläufe mit vorgelagerte Parameterwahl durch den Merels-Algorithmus.

Z_i	$\bar{X}$ X_{Min}	$X_{0,25}$	X_{Med}	$X_{0,75}$	X_{Max}
Z_1	17,4284602848	17,4284602848	17,4284602848	17,4284602848	17,4284602848
Z_2	1,0541084070	1,0541084080	1,0541084092	1,0541084142	1,0541112794
Z_3	17,7328697	25,0505676	25,907606	26,1185186	26,4003235
Z	5,02897066	5,06046169	5,09181202	5,12199391	5,25611188

Die Standabweichung der Z-Funktion liegt mit unter einem Prozent im akzeptablen Bereich. Der Mittelwert liegt um fast 1,5% höher als der beste Wert aus Tabelle 11, das beste Ergebnis der 100 Durchläufe ist absolut mit ca. 0,002 um nur 0,04% geringer.

Die wahre Stärke des Algorithmus ist jedoch die resultierende Laufzeit. Das Ursprungsprogramm benötigte pro Kombination und Wiederholung (also für alle Zielfunktionen) im Durchschnitt 3271ms, was vor allem an der langen Laufzeit bei höheren Kombinationen liegt.[64] Bei 4851 Kombinationen und 10 Wiederholungen ergibt dies eine Summe von 158681977ms, also rund 44 Stunden.[65] Die Menge an möglichen Kombinationen wird jedoch durch die Unwissenheit über die Vorteilhaftigkeit einiger wenigen gegenüber dem Rest verursacht und ist, wenn mit Sicherheit sehr gute Ergebnisse erzielt werden sollen, nicht reduzierbar. Wird jedoch die *RgP* bzw. der vorgestellte Algorithmus zu deren Auffindung genutzt, reduziert sich die Gesamtzeit auf durchschnittlich 14,35 Minuten.[66] Selbst 10 Durchläufe zur Absicherung der Ergebnisse benötigen demnach nur weniger als 2,5 Stunden. Die Rechenzeit zur Auffindung sehr guter Ergebnisse wurde somit bei nahezu gleichbleibender Qualität (bzw. hinreichend guter Qualität mit Abweichungen von unter 1%) auf 0,53% der Ursprungszeit reduziert. Selbst 10 Durchläufe benötigen demnach nur 5,3% des einen Durchlaufes des Ursprungsprogrammes. Die Alternativen zu diesen beiden Erhebungsformen sind das einfache Ausprobieren und die zufällige Wahl von Parametern. Ersteres haben Rao et al. durchgeführt und haben Ergebnisse erzielt die, wenn zulässig, ähnlich gut waren. Jedoch ist anzunehmen, dass dieses „Trial and Error"–Prinzip länger als 14,35 Minuten dauert (bei letztendlich etwas schlechteren Ergebnissen). Die zweite Variante liegt gemäß Messungen beim Ursprungsprogramm zwischen 331ms und 11898ms pro Wiederholung. Bei standardmäßigen 10 Wiederholungen pro Durchlauf sind hier Zeiten zwischen

[64] Niedrigere Kombinationen weisen Laufzeiten von unter 1000ms auf.
[65] Verwendete Hardware: AMD Athlon™ 64 X2 Dual Core Processor 4800+, 4GB DDR2.
[66] Verwendete Hardware: AMD Athlon™ 64 X2 Dual Core Processor 4800+, 4GB DDR2.

3310ms und 118980ms (≈3-120s) realisierbar. Angesichts der dabei existierenden und im Unterpunkt 3.2.3 angeführten Schwankungsrisiken bei der Qualität ist dieses Vorgehen jedoch weder wissenschaftlich noch wirtschaftlich und damit nicht relevant.

Tabelle 16: Arithmetische Mittel und Standardabweichungen bei vorgelagertem Merels Algorithmus in 100 PSO-Durchläufen.

	Z_1 (in µm)	Z_2 (in Funken/mm)	Z_3 (in µm/s)	Z
$\bar{x}$	17,4284602848	1,05410844	25,30750106	5,09690782
$\tilde{s}$	1,73165E-14	2,87E-07	1,406106132	0,04664523

Von allen 4 Möglichkeiten der Parameterwahl („diskrete Erhebung", Ausprobieren, Raten, RgP-Algorithmus) zur Anwendung der ursprünglichen Partikelschwarmoptimierung bildet jene mit dem vorgelagerten Algorithmus somit die bei weitem ökonomisch sinnvollste Variante. Qualitätsgewinne durch eine breiter angelegte Suche nach Parameterkombinationen müssen mit viel Rechenzeit bezahlt werden und sind angesichts der nur geringen Abweichungen bei dieser Problemstellung nicht wirtschaftlich.[67] Bezüglich der Qualität selbst lässt sich zusammenfassend sagen, dass der Algorithmus zwar nicht garantieren kann, dass die nachgelagerte Partikelschwarmoptimierung das optimale Ergebnis ermittelt, er kann jedoch garantieren, dass nach wenigen Durchläufen, oft sogar schon beim ersten sehr gute bis vermutlich-optimale Ergebnisse hervorgebracht werden. Die auftretenden Abweichungen bei der Qualität können vor allem aus zwei Fehlern resultieren:

1. Die beste Kombination liegt außerhalb der Region mit dem geringsten Mittelwert.
2. Die Stichprobe beschreibt die Region nicht ausreichend.

Der erste Fall ist in Anbetracht der beobachteten Größe der Regionen nicht unwahrscheinlich. Vor allem weil kein direkter Zusammenhang zwischen den Parametern sondern nur ein ähnliches Verhalten in der Nachbarschaft existiert, muss der aus den Ecken des Clusters berechnete Mittelwert nicht das Niveau aller Teilnehmern der Menge repräsentieren. Der zweite Fehler ist dagegen eher unwahrscheinlich da die beobachteten Regionen eher zusammenhängend und ähnlich im Niveau waren. Es ist somit unwahrscheinlich, dass die 4 Ecken zu besseren Ergebnissen führen als die Kombinationen aus dem inneren des Clusters, weshalb dieser Fehler bei Auftreten wahrscheinlich durch Ausreißer zu erklären ist. Bei beidem wäre eine Möglichkeit zur Minimierung der Gefahr eines solchen Fehlers das Nehmen von mehr Stichproben und das anschließende Bilden von kleineren Clustern. Dies würde auf Kosten der Rechenzeit geschehen, so dass hier eine Gewichtung von Qualität und Laufzeit vorgenommen werden müsste.

[67] Wirtschaftlich in dem Sinne, dass der benötigter Input in einer, subjektiv, sinnvollen Relation zum resultierenden Output stehen muss. Die Wirtschaftlichkeit hängt stark vom Planungshorizont und der angelegten Problemstellung ab.

Die Entkoppelung der Parametersuche vom Anwender ist die letzte große, hier anzubringende Stärke des Algorithmus. Sie ermöglicht eine „ad-hoc-Bearbeitung“ von Problemstellungen mit der PSO ohne aufwendige, vorgelagerte Untersuchungen. Diese würde auch bei längeren Laufzeiten aufgrund von größeren Stichproben bestehen bleiben, da die Alternative einer großräumigen diskreten Erhebung die 200-fache Laufzeit aufweist.

4. Fazit

In diesem Buch konnte an der beispielhaften Problemstellung der elektrochemischen Bearbeitung von Oberflächen evaluiert werden, dass bei der Anwendung der Partikelschwarmoptimierung für mono- und multikriterielle Zielfunktionen ein systemischer Zusammenhang zwischen der Parameterwahl und dem ermittelten Ergebnis existiert. Darüber hinaus wurde nachgewiesen, dass im Parameterraum benachbarte Kombinationen eine ähnliche Qualität aufweisen, so dass nach dem Anlegen einer ordinalen Skala Regionen unterschiedlicher Parameterqualität identifiziert und voneinander abgegrenzt werden konnten. Diese Regionen existieren unabhängig von der Vektorbegrenzung und der angelegten Zielfunktion und verschieben bei unterschiedlichen externen Bedingungen lediglich (wenn überhaupt) ihre Position im Raum. Für die qualitativ beste Region wurde gezeigt, dass sich die Elemente durch sehr gute Mittelwerte und sehr geringe Standardabweichungen auch bei vielen Wiederholungen auszeichnen. Diese Eigenschaften machen sie zu Garanten von guten Lösungen für die vorliegende Problemstellung. Mit Hilfe dieser Region war es möglich empirisch evident nachzuweisen, dass die Parameterwahl von Rao et al. hinter dem Optimum zurück bleibt. Sie wurde in Folge dessen um den Rahmen der Region korrigiert. Die ECM-Ergebnisse der Autoren wurden mit den neuen verbessert und die dazu gehörenden Dimensionswerte als besser festgehalten.

Beim Vergleich der gefundenen Regionen mit Untersuchungen aus der Literatur (z.B. Shi und Eberhart (1998) zur optimalen Wahl von w bei unterschiedlichen V_{max}) fällt erneut die starke Abhängigkeit der Parameterwahl von der angelegten Problemstellung auf. Die Lage der Regionen und somit die Qualität der Parameterkombinationen variiert bereits innerhalb der ECM-Problemstellung mit den unterschiedlichen Zielfunktionen. Eine Verallgemeinerung der ermittelten Parameterergebnisse ist somit nicht möglich. Aus diesem Grund wurde ein Algorithmus vorgestellt, der die nachgewiesene Existenz der Regionen nutzt, um so zeitsparend qualitativ hochwertige Ergebnisse durch eine optimierte und automatisierte Parameterwahl zu generieren. Funktionalität und Laufzeitverhalten wurden in 100 Durchläufen evaluiert und dargestellt und belegen die Fähigkeit des Algorithmus zur effizienten Problemlösung. Der RgP-Algorithmus entkoppelt die Parameterwahl vom Anwender der PSO und hat, da er einfach und unkompliziert zu programmieren ist, das Potential zum Standardwerkzeug der vorgelagerten Parameterwahl bei der Partikelschwarmoptimierung.

Der Beweis der Funktionalität des Algorithmus für verschiedene Problemstellungen muss noch erbracht werden. Darüber hinaus ist zu einer vollständigen Beurteilung vor allem ein Vergleich mit PSO-Abwandlungen notwendig, bei denen die Parameterwahl seitens des Verfahrens vorgenommen wird.[68] Hier sollten neben der Ergebnisqualität auch andere Themenfelder wie zum Beispiel die Anwendbarkeit, die Übertragbarkeit oder die Kopierbarkeit betrachtet werden. Ergebnisverbessernde Abwandlungen seitens der PSO, wie zum Beispiel unterschiedliche Nachbarschaften, bleiben von dem Algorithmus uneingeschränkt einsetzbar und können somit weiterhin ergänzend eingefügt werden. Besonders betrachtet werden könnte in diesem Zusammenhang die Möglichkeit, w im Laufe der Iterationen sinken zu lassen (Wandel des Suchverhaltens) sowie das bewusst verteilte Initiieren der Partikel zu Beginn der PSO. Beides, vor allem in Kombination, könnte gleichzeitig die Erkundung des gesamten Lösungsraumes als auch der Umgebung der besten Lösung fördern. Der kombinierte Einsatz der vorgelagerten Parameterwahl mit qualitätssteigernden Abwandlungen der PSO durch Modifizierung des partikelindividuellen Suchverhaltens ist somit ein weiteres Feld zukünftiger Untersuchungen und könnte zu weiteren Ergebnisverbesserungen führen.

[68] Vgl TRIBE-Ansatz von Clerc (2003),

Literaturverzeichnis

Acharya, B. G., Jain, V. K., & Batra, J. L. (1986). Multiobjective optimization of ECM process. *Precision Engeneering*(Volume 8, Issue 2), S. 88-96.

Bergh, F. v., & Engelbrecht, A. P. (2006, April). A study of particle swarm optimization particle trajectories. *Information Science: an International Journal* (176), pp. 937-971.

Clerc, M. (2003). *TRIBES, a Parameter Free Particle Swarm Optimizer.* Abgerufen am Mai 2011 von clerc.maurice.free.fr/pso

Clerc, M. (24. Dezember 2008). *Initialisations for Particle Swarm Optimization.* Abgerufen am Mai 2011 von http://clerc.maurice.free.fr/pso/Initialisations.pdf

Clerc, M., & Kennedy, J. (Februar 2002). The Particle Swarm - Explosion, Stability, and Convergence in a Multidimensional Complex Space. *IEEE Transactions on Evolutionary Computation*(6), S. 58-73.

Eberhart, R. C., & Kennedy, J. (1995). A new optimizer using particle swarm theory. *Proceedings of the Sixth International Symposium on Micromaschine and Human Science,* (S. 39-43). Nagoya, Japan.

Eller, F. (2010). *Visual C# 2010 - Grundlagen, Programmiertechniken, Datenbanken.* München: Addison-Wesley.

Fahrmeir, L., Künstler, R., Pigeot, I., & Tutz, G. (2004). *Statistik: Der Weg zur Datenanalyse.* Berlin: Springer Verlag.

Heppner, F., & Grenander, U. (1990). A stochastic nonlinear model for coordinated bird flocks. In S. Krasner, *The Ubiquity of chaos* (S. 233-238). Washington, DC: AAAS Publications.

Hu, X. (2006). *Swarm Intelligence*. Abgerufen am 25. 05 2011 von http://swarmintelligence.org

Kennedy, J. (1999). Small World and mega minds: effects of neighborhood topology on particle swarm performance. *Proceedings of IEEE Congress on Evolutionary Computation,* (S. 1931-193). Piscataway, NJ.

Kennedy, J., & Eberhart, R. (1995). Particle Swarm Optimization. *Proceedings of the IEEE International Joint Conference on Neural Networks. Vol. 4,* S. 1942-1948. IEEE Press.

Kennedy, J., & Mendes, R. (2002). Population Structure and Particle Swarm Performance. *Proceedings of the IEEE Congress on Evolutionary Computation,* (S. 1671-1676). Honolulu, HI , USA.

Millonas, M. M. (1994). Swarms, Phase Transitions, and Collective Intelligence. In C. G. Langton, *Artificial Life III* (S. 1-33). Reading, MA: Addison Wesley.

Ozcan, E., & Mohan, C. K. (1999). Particle Swarm Optimization: Surfing the waves. *Proceedings of the 1999 Congress on Evolutionary Computation* (S. 1939-1944). Piscataway, NJ: IEEE Service Center.

Rao, R. V., Pawar, P. J., & Shankar, R. (2008). Multi-objective optimization of electrochemical machining process parameters using a particle swarm optimization algorithm. *Proceedings of the Institution of Mechanical Engineers, Part B: Journal of Engineering Manufacture, 8*(8/2008), S. 949-958.

Shi, Y., & Eberhart, R. (1998). A modified Particle Optimizer. In I. University (Hrsg.), *Evolutionary Computation Proceedings 1998, IEEE World Congress on Computational Intelligence* , (S. 69-73). Anchorage, AK, USA.

Shi, Y., & Eberhart, R. (1998). *Parameter Selection in Particle Swarm Optimization.* Abgerufen am Mai 2011 von http://www.engr.iupui.edu/~shi/PSO/Paper/EP98/psof6/ep98_pso.html

Suganthan, P. N. (1999). Particle swarm optimiser with neighbourhood operator. *Proceedings of the IEEE Congress on Evolutionary Computation*, (S. 1958-1962). Piscataway, NJ.

Wilson, J. F. (1982). *Practice and theorie of electrochemical machining.* Malabar, Florida: Robert E. Krieger Publishing Company, Inc.

Anhang

Anhang 1: Partikelbewegungen bei nicht-zufälliger Gewichtung (1/2)[69]

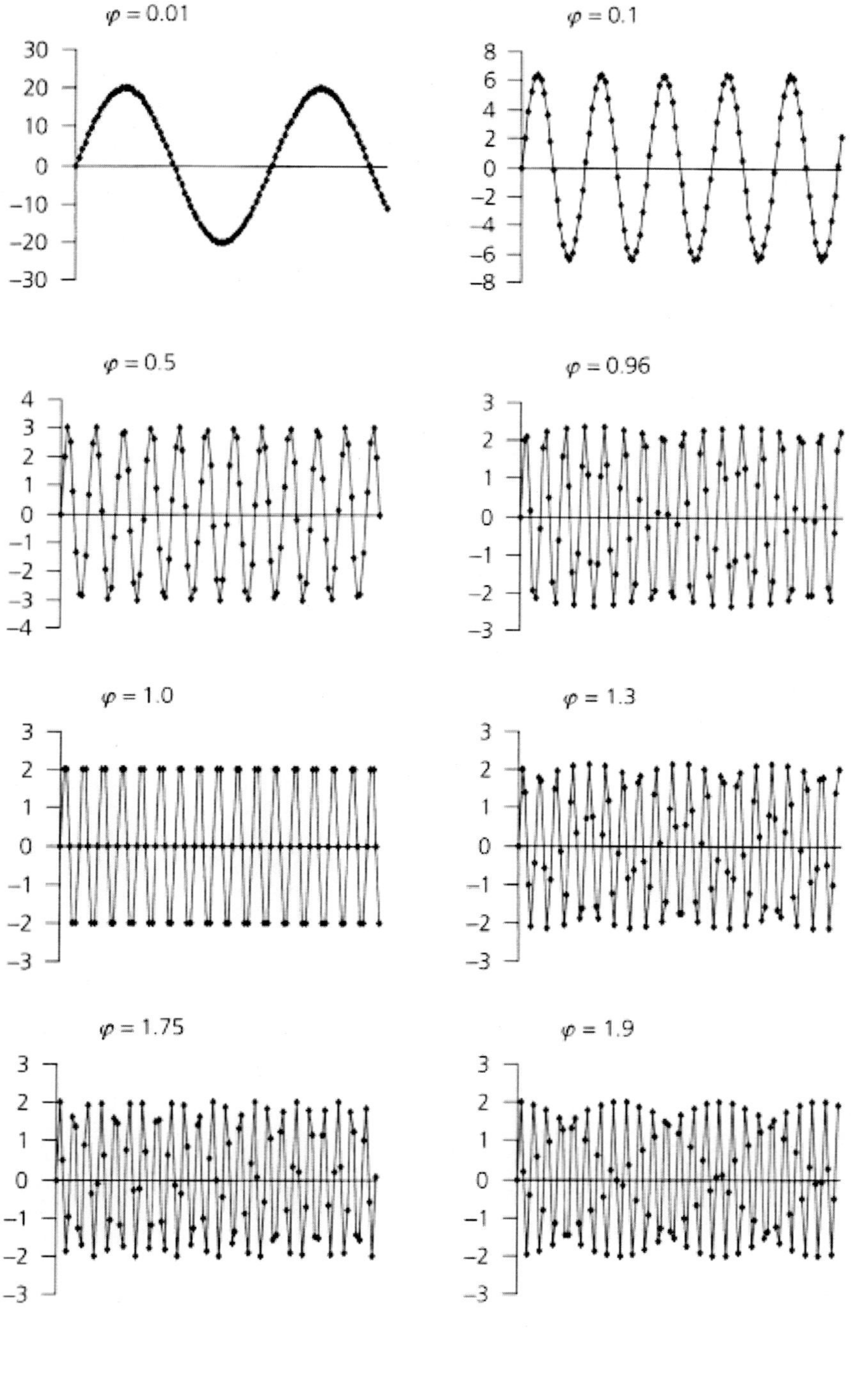

[69] Kennedy, Eberhart (2001), S. 335

Anhang 2: Partikelbewegungen bei nicht-zufälliger Gewichtung (2/2)[70]

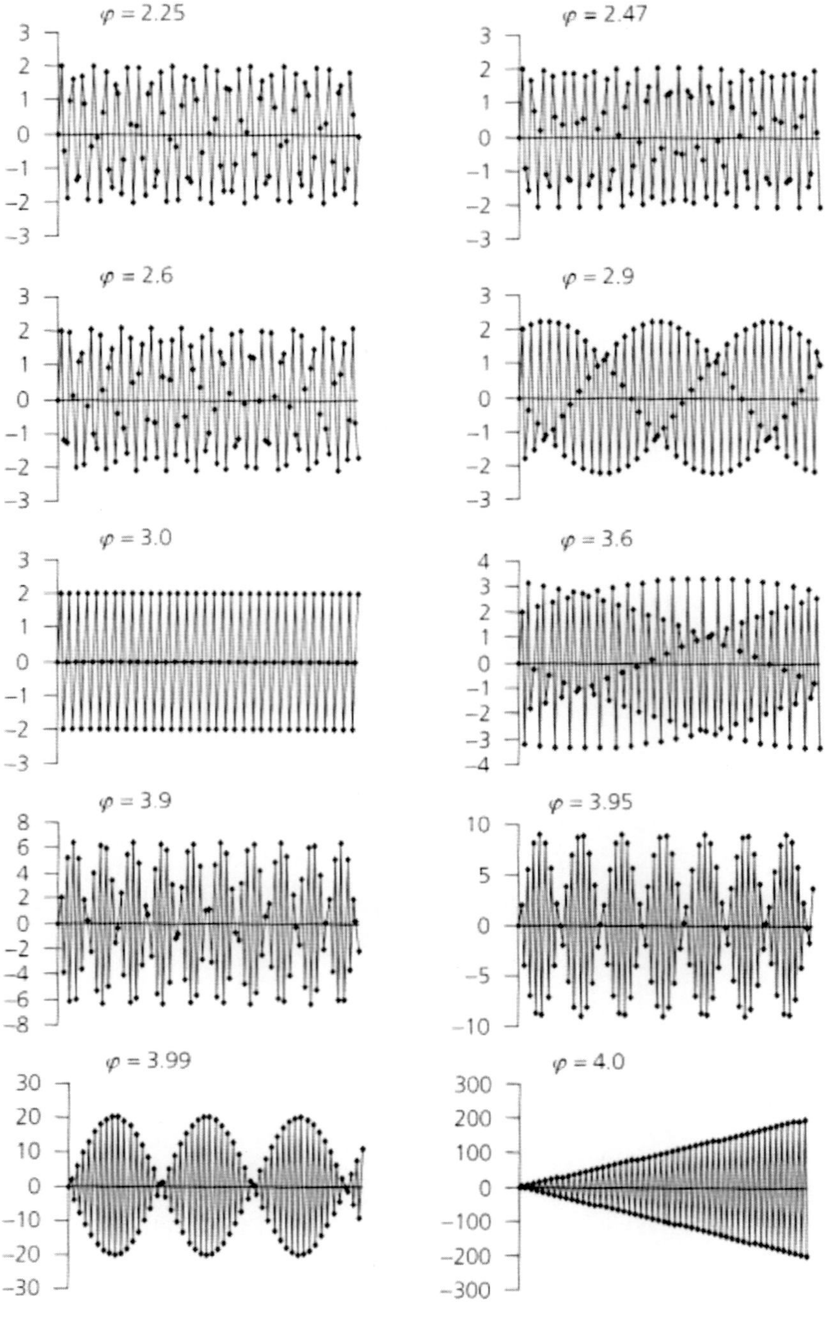

[70] Kennedy, Eberhart (2001), S. 336

Anhang 3: Parameterqualität bei Z_1

w = 0

	WGBS																			
WPBS	1	1,05	1,1	1,15	1,2	1,25	1,3	1,35	1,4	1,45	1,5	1,55	1,6	1,65	1,7	1,75	1,8	1,85	1,9	1,95	2
1	74,8845	88,4173	81,5216	56,3840	57,5514	55,4522	54,9514	57,1808	54,0349	46,3212	46,4327	49,8184	48,9005	48,6206	43,5368	44,2908	43,6619	53,2585	42,9330	36,4786	43,9038
1,05	61,5966	62,2908	90,6186	57,9161	57,7945	52,4073	41,0849	49,0169	45,5928	49,5605	48,2476	44,0712	42,9774	49,4172	36,5624	46,0862	41,6740	43,8583	46,9807	40,7240	49,3635
1,1	64,7361	57,0236	73,6427	55,5283	59,8012	56,3100	48,6658	51,2170	52,8998	49,9453	45,4394	42,6057	42,2297	45,4269	47,1135	45,2796	42,8753	49,7648	43,8273	42,6141	42,1679
1,15	52,1170	64,8205	58,4215	58,2386	45,9831	50,5365	44,0425	45,1655	39,4794	44,4620	46,9331	44,6563	47,6570	37,8492	46,5287	41,7762	43,5704	45,9874	40,0128	40,5731	39,0969
1,2	55,2312	53,8930	53,5125	49,1251	43,2449	46,4554	48,1270	41,0828	44,8537	41,6032	43,1010	44,5930	39,9666	35,3250	42,3838	44,4417	35,1269	39,8920	43,5740	39,3460	40,3358
1,25	60,1660	52,1057	47,9511	53,5956	51,3578	43,5054	40,0626	46,1541	47,7942	42,1988	41,7335	39,5043	42,1150	46,9335	47,6539	48,1816	33,0510	36,5579	37,0646	40,7791	44,6191
1,3	72,2653	51,8111	56,5431	45,4738	57,7094	46,5445	45,5390	37,2930	43,3938	40,5705	39,9674	39,0108	42,3505	41,1040	34,2249	41,0223	36,9626	39,3352	36,0127	28,9148	37,9230
1,35	67,0462	65,1038	48,6052	39,0684	44,6973	36,1232	40,9164	43,9602	44,4715	51,7341	35,5692	37,6168	41,5227	33,6920	37,8667	36,0048	36,1460	35,3472	34,8746	29,6192	36,8513
1,4	52,7647	70,7318	40,7889	43,8181	42,7284	40,5233	38,4205	35,3797	40,9890	41,2939	34,2097	43,6704	37,1524	33,6361	33,9767	40,8623	37,9896	34,2726	33,2607	38,1377	37,2802
1,45	41,8944	47,3854	46,7073	45,3999	37,9458	38,6763	38,7343	33,3812	43,0561	41,4662	40,4284	33,6159	30,6635	37,2454	33,3944	36,4909	40,2476	31,0104	35,9162	34,6343	30,2269
1,5	45,8594	33,5014	48,9666	37,9836	41,2011	42,1801	38,6309	34,5508	38,3115	31,7576	40,7092	34,5416	32,8010	31,8512	38,3971	32,9693	30,5209	38,6625	32,6346	26,4695	31,9405
1,55	42,6266	43,0028	45,7706	37,5989	38,1586	34,1592	34,6982	33,3313	33,1805	32,6715	30,2124	31,9279	32,1578	33,9966	36,5324	37,0054	34,9904	27,5900	32,9001	28,2239	28,0002
1,6	44,4914	35,1790	33,5541	29,5512	37,9519	34,0874	37,0929	31,4970	28,6988	33,4513	29,7819	42,4102	33,6792	27,1896	27,8916	32,3845	31,2144	28,6743	31,0419	28,5140	32,7803
1,65	30,8372	36,7361	40,1621	35,4756	35,5502	33,0973	32,9569	31,1563	28,0154	31,9242	28,8910	29,3889	28,1386	26,4546	26,5616	34,9251	26,5983	24,5362	28,5661	24,7647	31,5737
1,7	31,2935	28,1870	39,1319	30,0610	32,8409	32,8467	28,3033	26,6343	29,1010	28,4936	28,9766	28,1102	27,5685	29,5721	30,3330	29,2226	26,4745	24,4450	32,6949	28,2137	25,2745
1,75	30,5614	28,3459	27,5710	30,2218	30,0355	28,3798	25,9710	33,1798	26,3020	24,8517	23,3468	29,8647	24,6279	29,6346	25,7334	26,7418	26,2297	21,6778	24,2888	26,5336	25,0193
1,8	27,4633	29,2230	29,3367	31,0990	28,4192	29,1626	24,7506	26,5002	23,4013	30,2522	25,3307	23,7803	27,0803	22,2823	25,9907	23,7928	27,5198	26,7689	26,3902	24,3934	22,0424
1,85	31,6177	27,0160	28,4553	23,6452	24,2613	27,5711	22,6032	24,8145	26,4022	25,6239	20,7521	31,6439	24,0201	20,2795	23,9917	24,7339	22,8617	25,5546	21,6941	23,5570	24,4717
1,9	44,7787	24,0865	23,5521	25,1553	24,4226	20,6916	26,6820	25,1609	23,3903	27,0635	24,1193	21,4108	22,7800	22,2116	23,0724	22,6019	19,7831	22,6864	21,7622	20,1562	20,8465
1,95	25,6348	29,7804	23,6391	20,9197	26,6072	20,5588	21,9850	24,0273	23,7765	21,8333	18,7647	23,2240	22,3534	22,9113	24,6954	23,3970	22,5416	22,3801	24,5204	24,5277	21,8771
2	26,6446	21,3517	21,8408	22,2210	24,5340	23,2842	19,8807	20,6336	19,9161	21,8047	23,9500	22,0055	19,9143	21,3293	19,2968	20,2140	22,1427	20,3729	21,6137	23,4655	21,6476

w = 0,1

	WPBS																			
WGBS	1	1,05	1,1	1,15	1,2	1,25	1,3	1,35	1,4	1,45	1,5	1,55	1,6	1,65	1,7	1,75	1,8	1,85	1,9	1,95	2
1	58,5865	59,9281	53,2859	48,6344	53,9525	52,0811	43,2979	54,3734	48,9966	48,7796	38,5279	41,5279	38,6470	37,0050	49,3723	37,9916	41,1611	44,2220	43,5743	39,2312	39,5374
1,05	73,9476	100,5101	51,4714	46,6632	49,6377	41,0226	44,0375	45,2416	45,9751	44,7459	35,2419	42,4906	40,1194	41,5801	40,1643	39,3185	32,6619	37,8542	39,0530	41,0435	36,0522
1,1	57,1145	61,7562	55,5678	55,1648	51,7219	49,2893	48,1167	45,0038	50,6266	42,6377	41,6532	42,9337	43,5442	36,9257	36,8985	45,8487	35,5265	41,6288	41,1930	41,1971	39,5236
1,15	56,8787	54,2212	49,0730	41,4703	43,3111	50,1516	47,5592	39,9031	33,8818	43,2458	40,4863	33,0931	40,6203	37,5743	41,3944	42,9172	33,7713	36,2583	31,6045	39,1302	34,5326
1,2	51,5846	62,7118	39,5391	50,9876	43,5019	56,9470	52,8590	42,9096	43,6037	37,5328	39,6198	42,9489	43,0453	38,3845	34,5649	32,8897	47,3244	34,2318	40,2999	34,7046	43,2414
1,25	44,0819	45,8719	46,8029	49,9699	42,8792	42,8208	40,9520	44,5503	37,5692	37,7464	37,9341	39,1885	38,2927	38,4153	36,5505	36,7726	43,8999	31,4514	36,5620	35,0917	34,5245
1,3	54,0460	44,9638	45,1553	43,5530	38,6100	34,2238	47,5967	37,3841	31,3480	36,6052	35,9951	34,9574	37,6203	33,6863	33,6966	33,3013	39,6660	34,9785	33,3362	31,1538	32,8644
1,35	42,4057	42,6916	40,2314	47,2072	40,1157	40,7020	35,0599	39,7374	32,2311	36,1858	39,5607	38,5592	37,9876	42,3196	37,4979	33,3316	27,7584	30,3975	34,0950	31,4770	38,8878
1,4	47,6034	37,9503	43,8134	40,3430	39,5499	35,5353	40,8120	40,3991	37,1666	42,1661	36,1384	33,6326	38,4961	34,4684	34,6057	28,0561	32,8420	26,8870	35,2916	30,8109	32,1706
1,45	62,9722	35,8922	40,2155	38,4885	35,9061	33,0117	38,2281	33,7319	30,9517	33,7677	35,3803	33,6360	39,4122	34,0163	32,1883	26,4534	29,2889	28,0545	31,0679	32,5021	29,7599
1,5	34,9604	37,5983	38,6027	34,1338	41,7648	33,0756	34,4835	35,4392	27,8922	32,2908	37,6877	37,2370	31,2999	31,6413	35,8590	36,1311	31,8213	24,1601	32,6965	29,0972	27,0998
1,55	34,9907	35,7232	38,0353	39,4199	38,7734	33,6546	33,0895	32,2325	32,8407	26,4470	30,0272	30,4643	35,0012	31,8617	33,3243	35,4095	29,4319	28,9870	24,4874	30,7565	29,3799
1,6	52,5076	33,9235	31,7292	32,1602	29,8923	29,8246	27,4436	29,2464	29,9241	29,4206	25,3633	27,9329	27,4933	30,0418	32,0760	25,0587	26,4855	28,7049	29,4611	27,1871	32,6915
1,65	58,4331	30,8383	26,8966	31,1073	27,3318	27,3604	36,0795	28,7248	26,1595	33,9428	27,2928	28,2934	32,2022	28,1053	31,2996	25,8974	27,1836	29,0110	31,3932	30,6013	22,5086
1,7	27,8127	29,1752	25,9223	29,0152	35,2520	33,7229	31,3816	31,5141	29,9541	26,7639	27,4776	25,6654	30,1775	24,9797	24,4503	23,4436	27,7660	27,9077	28,1615	23,4351	22,7780
1,75	28,5802	28,9105	29,7880	26,2744	24,5862	32,1207	26,8504	30,0668	26,9629	26,1258	22,8758	25,6669	32,4313	26,4252	25,5828	29,8240	23,1833	24,8043	23,9724	22,3682	27,8672
1,8	30,6947	25,8317	29,8482	26,1413	25,5895	25,0340	25,1162	25,1451	24,1034	22,7335	23,4251	26,4987	24,1640	22,0986	23,4162	24,3612	23,4039	23,2986	22,3349	27,6740	21,3600
1,85	26,3768	23,5846	29,1566	26,0951	31,1212	22,3492	28,0454	25,4774	24,8540	25,5203	24,0589	24,3812	25,3247	21,1565	24,9589	20,3613	22,3518	20,6334	24,8023	24,0849	21,6797
1,9	25,3063	27,0066	20,6735	26,0090	28,3114	22,1253	21,4567	25,1484	19,6117	24,7365	21,8059	22,0662	21,9620	23,5024	21,6446	24,0505	22,9590	23,4201	21,4016	22,5088	20,4211
1,95	22,1366	19,5064	23,6037	23,2044	21,0534	23,1020	23,4890	23,3813	18,5355	19,1034	23,7032	20,4212	22,7944	23,7722	19,7169	24,3787	24,9333	22,5182	18,1932	20,9371	23,2943
2	22,5353	23,0001	22,7502	23,4458	24,3497	20,7770	21,4649	20,2559	20,5578	21,1659	19,0194	20,1097	22,3369	23,8333	19,6851	24,2115	18,4426	21,5616	22,5383	21,2491	20,2682

w = 0,2

	WPBS																			
WGBS	1	1,05	1,1	1,15	1,2	1,25	1,3	1,35	1,4	1,45	1,5	1,55	1,6	1,65	1,7	1,75	1,8	1,85	1,9	1,95	2
1	48,3487	44,3940	48,4339	44,1016	49,5966	43,1266	29,2584	40,0787	38,9349	39,7397	36,4380	37,0813	35,4298	40,1606	35,1431	34,4392	32,9036	36,3739	39,3654	36,6595	34,1335
1,05	45,7374	56,6349	41,0886	45,1171	41,9356	36,2654	41,7306	43,6834	37,2867	35,8542	36,7216	38,1777	34,0614	29,2417	38,6000	39,0176	33,1938	35,6225	40,0860	39,3817	31,0849
1,1	41,8867	45,6143	35,9549	43,0264	42,1089	34,0548	42,8559	36,4730	29,4834	35,1587	39,4520	36,9072	34,3821	32,1776	35,2370	29,3357	32,6033	26,6511	30,5781	33,1084	32,2381
1,15	83,7212	48,4754	34,9666	36,2356	43,4904	39,9783	41,3410	29,4954	47,8711	32,7378	31,7810	33,1728	36,0065	33,6160	26,4153	31,7615	30,4440	30,6459	41,9399	30,5460	31,0151
1,2	37,0624	50,4232	35,9691	41,7949	37,0037	35,5745	43,3931	31,8093	37,3227	34,2343	32,3679	29,0247	33,2808	35,3998	30,4039	33,8403	26,2176	33,0950	28,9920	29,3260	32,5488
1,25	54,6985	40,0157	43,8518	41,8345	35,0611	38,2853	37,1914	44,4549	34,2776	29,7981	33,5019	31,1554	33,1820	32,9006	28,0117	34,7256	28,2755	29,9500	27,7171	26,0776	34,0866
1,3	33,2652	41,0614	28,5172	41,0815	32,2267	33,1787	34,1723	33,3212	32,1074	30,3254	33,4091	31,7511	27,5269	29,4447	34,2104	35,7421	29,3845	35,0949	28,1122	26,3130	29,9084
1,35	35,2274	36,5773	35,1638	33,9172	34,6386	34,2465	33,4828	27,0241	34,6709	34,5407	35,4913	31,8825	31,4332	33,1063	27,1610	33,3295	29,6813	27,1385	28,0389	23,1951	24,5537
1,4	55,3224	34,8031	32,0612	29,4241	35,7003	33,4135	31,3929	32,8556	26,8157	29,1905	27,8040	29,8478	23,9684	28,4384	31,2048	30,7798	29,4263	24,5704	27,6991	31,0073	28,7686
1,45	32,4275	29,2267	29,1516	31,7972	24,2070	34,3618	29,7026	26,4148	31,3930	29,0630	28,4881	28,2240	26,9537	23,7909	26,0114	27,2587	26,4816	22,9128	25,3153	26,2923	23,1084
1,5	43,4130	33,2441	30,0552	27,6128	29,1452	28,3929	25,9223	29,2133	23,1844	24,4393	28,7171	30,1739	25,7239	30,0621	25,7330	24,6219	33,0204	26,6285	27,6461	27,7351	26,5620
1,55	34,6814	29,8341	27,9231	28,3324	25,4536	25,7879	27,7490	24,2171	25,1090	25,7017	27,2410	25,9585	23,6089	26,1060	24,5050	22,3468	30,1125	27,1425	30,9014	23,5305	23,5095
1,6	25,7758	28,1374	31,6101	23,1888	23,9603	22,1797	25,9215	27,1792	26,1578	28,6218	25,3740	25,5088	22,1018	25,0931	25,5083	24,7871	25,4485	23,1626	22,8440	23,5220	22,3498
1,65	26,1534	26,5619	22,2014	26,6702	24,4529	25,1834	25,0740	28,2080	28,3847	25,8687	23,0452	25,7673	22,6983	22,5588	27,2533	21,0134	28,5417	22,1909	22,4215	21,3581	20,7634
1,7	48,6636	28,7693	25,4758	26,0016	25,6344	22,9115	26,6065	21,3855	23,8176	26,2394	23,6026	24,3517	23,4321	21,5505	25,4563	20,1313	22,1338	21,4231	19,8740	21,8803	22,4556
1,75	25,2479	24,8609	19,9795	26,8170	22,0726	24,7236	26,1489	25,3685	21,5054	21,1939	21,9825	19,5168	23,0655	22,2114	21,4179	26,1912	21,9461	21,6711	21,4656	24,8063	23,4263
1,8	24,3856	22,8622	26,5519	20,9692	23,8793	21,2443	21,4161	21,7179	20,0423	19,6049	21,9080	24,9111	22,1691	20,2629	21,9588	21,3103	19,7926	19,7198	18,9036	20,2341	20,4240
1,85	21,1949	46,2635	22,7448	21,4514	21,5192	21,5549	22,5668	22,2797	23,7652	21,8781	23,1993	20,8896	20,2266	20,0619	20,0196	18,9307	20,7638	20,0489	19,8078	19,2986	19,0643
1,9	20,0835	23,6019	21,8998	20,7369	20,4643	20,1388	19,1751	19,8200	23,1067	18,7420	18,3354	18,2186	18,7778	18,8169	21,7813	19,9771	20,1506	19,0388	19,2547	19,7497	20,4075
1,95	20,6883	18,6939	18,5476	17,9876	19,8496	18,3336	19,1069	17,9528	20,2583	20,1938	17,7820	20,3337	21,1383	20,6748	20,0668	18,0925	19,0205	18,3993	20,6991	17,8795	17,8796
2	20,9183	20,4478	18,3696	19,2355	18,0256	19,5357	19,3703	18,2496	18,5373	19,2019	18,3698	17,7736	18,9246	18,0057	19,9846	18,9716	18,4814	19,6759	17,6753	18,7406	19,0304

w = 0,3

	WPBS																				
WGBS	1	1,05	1,1	1,15	1,2	1,25	1,3	1,35	1,4	1,45	1,5	1,55	1,6	1,65	1,7	1,75	1,8	1,85	1,9	1,95	2
1	41,6846	39,6720	37,0429	36,3263	34,3668	36,5401	33,4640	30,0777	32,8056	31,4527	31,4350	33,2753	32,1488	30,8359	29,3492	30,9984	29,9305	28,1375	27,7517	28,9737	31,5073
1,05	35,8180	39,0192	35,3765	39,0253	29,8830	32,8495	31,6157	33,4728	25,1731	28,6542	28,6960	28,3093	30,7184	29,6605	29,3019	27,0119	31,2863	25,6916	29,8450	30,8856	24,9746
1,1	31,1642	32,2176	36,3887	35,4742	28,5730	30,0917	30,9222	25,1704	24,8809	28,9826	27,7258	25,1866	28,9062	28,1767	26,0957	29,9539	31,1877	23,7475	31,9214	29,7768	23,7108
1,15	32,9643	35,5483	33,1237	31,2070	31,2310	29,4910	29,4285	30,1705	26,0958	26,0133	26,2648	22,7579	26,4653	27,8306	27,4326	30,6970	24,3125	26,0638	26,5497	26,7492	27,3937
1,2	30,6481	29,7962	29,7103	31,5106	33,4828	25,4321	27,2951	29,9947	26,3784	32,2871	32,6242	23,2114	26,4721	27,5326	24,9206	26,0524	24,4300	28,1180	27,3018	25,4475	25,6768
1,25	31,5501	25,8891	29,6990	27,6322	28,1461	31,1169	29,8824	27,3539	24,3440	30,3497	27,9714	26,4041	29,6732	22,5283	25,7559	23,0391	24,4580	26,7346	27,0919	27,4872	25,8864
1,3	29,5711	30,5456	26,8303	26,4165	28,4452	26,3543	28,1407	29,0502	27,0320	29,9786	23,5666	25,0834	26,8265	24,6640	25,0575	27,0058	25,7978	27,6467	27,2065	21,0249	22,6010
1,35	27,1703	30,7713	27,9280	31,0448	25,2354	23,1402	24,1972	22,7671	25,6079	29,1082	26,4811	25,4393	21,4170	22,7120	24,5831	29,5194	20,5037	22,3426	27,7169	21,6273	22,0266
1,4	25,5330	22,1990	24,6888	26,9789	24,5710	23,1212	28,9227	27,4931	26,9774	25,2791	23,3710	21,7637	24,2005	22,5222	20,7060	22,1439	24,9259	22,7502	27,2119	23,8636	20,6961
1,45	26,5037	29,6407	24,7450	24,0609	27,2735	25,0973	28,6995	22,4381	26,4604	19,8600	23,0957	19,7262	21,2631	22,3962	21,7628	22,9054	21,6925	19,5108	21,8853	23,2591	18,9568
1,5	22,9295	26,0831	22,5911	20,1069	20,6585	22,3713	25,9228	22,9117	25,1097	22,8895	22,2582	21,9199	19,9671	23,4253	23,3693	19,5619	22,1984	21,2381	20,9678	19,1993	19,9008
1,55	28,2689	24,2981	22,5118	20,3995	23,3189	20,8852	26,2272	24,7587	23,5702	21,9260	22,3033	22,4742	18,8301	19,1282	18,1665	20,1116	20,8360	21,5199	21,6500	21,7657	22,7698
1,6	25,1929	21,4208	26,1103	28,5233	21,6335	21,6928	24,7202	22,3994	18,4197	21,4956	21,8845	20,1723	18,9473	21,3057	19,9859	19,1143	18,8430	18,9951	20,9131	21,4546	20,0059
1,65	20,0221	23,0932	19,9578	19,6793	23,1113	18,7657	18,5679	22,1641	19,5476	19,9311	18,8750	19,8445	19,8964	20,1962	18,7461	22,1885	20,2090	19,8706	19,8515	18,7635	22,2449
1,7	21,9661	20,9570	18,8996	19,3287	20,0404	22,4961	19,0944	20,0353	20,5968	18,7745	18,8051	17,8179	19,1375	19,7175	19,2540	18,3885	19,4958	21,1581	17,9135	20,7122	19,5060
1,75	18,8583	18,9602	19,4382	17,7269	18,0095	18,5525	21,8729	17,7973	19,9764	17,9810	18,4948	17,7701	23,2490	18,1618	20,7599	19,1711	21,7052	18,1098	18,7309	19,0476	20,5702
1,8	19,1128	18,3535	19,7815	20,4984	22,8902	18,7262	17,8334	17,8206	17,9590	17,8411	19,0482	17,8084	19,8017	20,7460	20,1034	20,0605	18,5804	18,1798	17,9424	17,4760	18,3257
1,85	18,9108	19,3328	19,5193	18,9864	18,4424	17,4654	20,3426	17,7854	17,5789	17,4530	17,4381	17,5817	17,7577	17,8905	19,5508	20,8285	18,1980	19,2326	17,4777	19,3320	17,5164
1,9	19,3151	18,8267	17,7774	17,5652	17,6782	17,4408	17,6992	19,2056	17,4453	17,6290	17,4916	18,0383	17,8466	17,4300	17,5496	17,8328	18,3800	17,6392	18,6311	17,4902	18,6242
1,95	17,7170	19,2271	18,4596	17,4285	17,5272	17,4468	17,4326	18,3664	18,6038	17,4291	17,5157	17,6779	18,3573	17,4286	17,4296	17,4450	17,9146	17,8279	18,9215	18,1765	18,1741
2	17,4496	17,4362	18,4060	17,4285	17,4593	17,4411	18,3542	17,4285	17,8260	17,4285	17,4285	17,4285	17,4286	17,4297	17,4285	17,9713	17,4285	17,4298	17,4285	17,4308	17,4286

w = 0,4

	WPBS																				
WGBS	1	1,05	1,1	1,15	1,2	1,25	1,3	1,35	1,4	1,45	1,5	1,55	1,6	1,65	1,7	1,75	1,8	1,85	1,9	1,95	2
1	26,7120	23,2056	30,2428	22,7156	23,5452	25,4386	25,2209	26,4966	22,3487	27,0784	24,8422	23,5744	24,6459	21,0434	22,3564	24,4666	19,9530	24,4047	21,0216	21,8652	22,6916
1,05	26,4785	26,4923	22,8119	28,7335	24,6304	22,3407	24,1887	25,3309	23,7786	22,5594	20,7442	25,7549	23,3098	23,0012	23,3037	24,2807	23,0230	22,1019	18,6425	22,3853	23,3140
1,1	25,9161	33,0692	25,0083	21,4570	25,3039	23,4125	24,0441	22,7263	24,4645	26,0520	24,6398	21,5783	22,7322	22,5198	21,6746	23,3667	23,1482	22,8408	23,1876	20,3381	23,5521
1,15	24,4730	46,6026	26,3337	21,2672	25,8129	26,3247	22,1256	25,1932	22,0244	22,1691	21,2344	22,2229	23,6814	23,8164	22,7290	20,5309	20,1990	20,0486	19,7847	23,3671	23,3723
1,2	25,4632	26,1838	26,4183	24,4939	24,4106	21,7252	20,0588	26,8916	27,7950	22,5973	20,9084	19,7905	18,6408	20,3806	22,2384	20,5397	21,9498	22,9785	20,5755	20,3589	20,9385
1,25	21,1191	21,9519	23,1788	21,4348	20,3479	24,4184	20,7459	19,8629	23,3401	19,8902	22,1111	20,4584	20,0582	19,2229	19,0291	21,8567	21,1146	21,5832	18,9828	19,7697	19,6108
1,3	22,4590	19,6386	22,9818	21,0244	26,2342	19,7040	20,8385	21,0496	19,3188	20,3333	18,6522	18,7876	17,9681	21,0039	19,1242	18,9761	21,0812	19,5722	18,5109	19,9320	19,1074
1,35	19,9410	22,1390	19,0407	21,0136	18,8194	18,2605	18,7990	18,9328	18,4633	19,1274	17,9481	20,6854	18,4775	22,4145	19,5278	18,3997	19,1155	18,0692	18,8476	18,6722	19,4720
1,4	20,3754	18,7562	19,2392	19,6902	17,9700	19,3246	19,2055	18,9815	18,4956	19,5801	18,9415	17,7290	19,6377	18,9382	19,7019	20,9417	18,5606	17,6101	18,0798	17,6727	18,7200
1,45	21,1750	19,6707	17,6690	18,7112	17,6830	17,5925	19,4106	20,6432	19,8452	19,3770	19,8124	18,8781	20,9394	18,7178	18,8420	18,7516	17,7675	17,9415	17,9038	18,0358	17,4633
1,5	20,7334	19,3387	18,9859	18,3119	17,6201	19,1999	20,0141	18,2294	19,1624	19,0378	18,2506	18,8726	18,0623	19,2861	18,2286	17,5090	18,3932	17,8118	17,8513	18,1328	17,9564
1,55	18,1100	18,4336	17,4928	19,3704	18,4225	18,9118	18,7566	19,2392	19,3210	18,0308	17,9595	19,6853	17,4981	17,4306	17,5855	17,7667	17,6344	17,8089	17,5968	20,4885	18,1711
1,6	19,2508	17,4446	18,5937	17,7243	17,4369	17,9522	17,4646	17,5005	17,9482	17,6119	17,6835	18,0698	17,4774	17,6564	18,1415	17,4437	17,4286	17,7221	17,6643	17,6421	17,4285
1,65	18,4500	17,5614	17,9101	18,0449	17,4356	17,4558	17,4525	17,8292	17,4285	17,4322	17,4285	17,6514	17,4307	17,4298	17,4285	17,4551	17,4429	17,6362	17,4343	17,6290	17,5169
1,7	19,0373	18,4544	17,5191	17,4483	17,4702	17,6305	17,5491	17,4696	17,4937	17,4316	17,4308	17,4720	17,4443	17,4285	17,4285	17,5523	17,4285	17,5929	17,4285	17,4682	17,5004
1,75	17,4302	17,4285	17,4285	17,4782	17,4291	17,4486	17,4285	17,4285	17,4285	18,3399	17,4343	17,4315	17,4285	17,4305	17,4845	17,4466	17,4285	17,4287	17,4285	17,4442	17,4305
1,8	17,4806	17,6473	17,4285	17,4439	17,4285	17,4285	17,4285	17,4285	17,8276	17,4285	17,4285	17,4285	17,6547	17,4368	17,8082	17,4285	17,4285	17,4285	17,4285	17,4299	17,4285
1,85	17,4285	17,4285	17,4285	17,4285	17,4285	17,4285	17,4285	17,4285	17,4285	17,4286	17,4285	17,4292	17,4285	17,4320	17,4285	17,4285	17,4285	17,4285	17,4300	17,4744	17,4285
1,9	17,4285	17,4285	17,4285	17,4285	17,4285	17,4285	17,4510	17,4285	17,4285	17,4285	17,4285	17,4285	17,4285	17,4285	17,4285	17,4285	17,4285	17,4285	17,4285	17,4285	17,4329
1,95	17,4285	17,4285	17,4285	17,4285	17,4285	17,4285	17,4285	17,4285	17,4285	17,4285	17,4286	17,4285	17,4285	17,4285	17,4285	17,4285	17,4285	17,4285	17,4285	17,4285	17,4285
2	17,4285	17,4285	17,4285	17,4285	17,4285	17,4285	17,4285	17,4285	17,4285	17,4285	17,4285	17,4285	17,4285	17,4285	17,9748	17,4285	17,4285	17,4285	17,4332	17,4285	17,4285

w = 0,5

	WPBS																				
WGBS	1	1,05	1,1	1,15	1,2	1,25	1,3	1,35	1,4	1,45	1,5	1,55	1,6	1,65	1,7	1,75	1,8	1,85	1,9	1,95	2
1	19,3440	21,7771	19,1615	19,9503	19,3724	22,1783	19,1788	18,7996	18,4733	20,6610	19,1560	18,2674	19,5407	18,1858	19,3002	17,5221	19,4328	19,3110	21,3270	19,5001	17,6046
1,05	19,5596	19,4126	19,0294	19,4896	18,8907	19,3036	20,6752	18,3558	18,5519	18,5112	18,7832	20,4587	17,5257	18,5908	19,3563	18,3489	19,8571	17,8178	18,2549	17,7779	19,2545
1,1	19,4244	19,0095	20,6344	18,4742	19,7302	17,6529	18,6836	18,2005	18,1054	18,9982	17,7232	18,4728	18,5535	17,5912	17,7439	17,6632	18,6979	17,7721	17,4661	17,6223	17,7908
1,15	18,7987	18,5045	17,4496	17,7247	17,8960	19,3530	19,6821	17,8015	18,9110	17,9541	18,0760	20,5452	17,8237	17,5871	17,5458	18,3029	19,2819	17,6108	17,6767	17,5303	17,4536
1,2	20,4113	20,5659	17,5036	22,0240	19,0271	18,4979	18,1793	18,4102	17,4882	17,4430	17,9070	17,4751	18,0396	17,5086	17,6175	17,8367	17,9563	17,5395	17,5519	17,4420	17,7596
1,25	20,7350	17,4666	18,2611	17,4285	17,4428	17,4942	18,2677	17,4597	17,4541	18,2861	17,4288	17,6063	18,1392	17,4992	17,7028	17,5197	18,0993	17,4536	17,5295	17,6125	17,5487
1,3	17,5730	18,2704	17,4420	18,9530	17,5460	18,1219	17,4475	17,4292	17,4292	18,8447	17,4796	17,4546	17,4524	17,4293	17,5565	17,4293	17,4285	17,4310	17,4299	17,7834	17,4945
1,35	17,8805	17,5302	17,5253	17,4581	17,4285	17,5584	17,4647	17,4285	17,4472	17,7949	17,5148	17,4811	17,4516	17,8740	17,4396	17,5286	18,3000	17,4291	17,5185	19,0624	17,4285
1,4	17,9923	17,6681	17,4287	17,7292	17,5239	17,4285	17,4399	17,4563	18,2334	17,4288	17,5324	17,4285	17,4285	17,4288	17,5593	17,4482	17,4290	17,4329	17,4382	17,4306	17,4348
1,45	17,4603	17,4285	18,0198	17,5034	17,4285	18,0598	17,4285	17,4285	17,4479	17,4393	17,4285	17,6220	17,4406	17,4285	17,4285	17,4285	17,4526	17,4381	17,4285	18,0045	17,4285
1,5	17,4298	17,4285	17,4288	17,4285	17,4285	17,4285	17,6030	17,4285	17,4285	17,4289	17,4295	17,4285	17,4285	17,4928	17,4296	17,4286	17,4285	17,4285	17,4285	17,4308	17,4380
1,55	17,4285	17,4287	17,4285	17,4285	17,4285	17,4285	17,4285	17,4285	17,4295	17,4285	17,4285	17,4290	17,4285	17,4285	17,4288	17,4286	17,4285	17,4288	17,4701	17,4285	17,4285
1,6	17,4285	17,4285	17,4285	17,4285	17,6248	17,4285	17,4285	17,4285	17,4285	17,4603	17,4285	17,4348	17,4404	17,4285	17,4285	17,4286	17,5055	17,4285	17,4285	20,2606	17,4288
1,65	17,4285	17,4285	17,4285	17,4285	17,4288	17,4285	17,4285	17,4286	17,4285	17,4285	17,4285	17,4286	17,4285	17,4285	17,4309	17,4287	17,4290	17,4287	17,4285	17,4285	17,4295
1,7	17,4285	17,4285	17,4285	17,4285	17,4286	17,4285	17,4285	17,4295	17,4285	17,4285	17,4285	17,4285	17,4596	17,4308	17,4285	17,4285	17,4285	17,4536	17,4285	17,4290	17,4386
1,75	17,4285	17,4285	17,4285	17,4285	17,4285	17,4285	17,4285	17,4285	17,4285	17,4287	17,4343	17,4286	17,4305	17,4286	17,4285	17,4285	17,4377	17,4294	17,4285	17,4285	17,4900
1,8	17,4285	17,4285	17,4285	17,4285	17,4285	17,4285	17,4285	17,4285	17,4285	17,4289	17,4285	17,4285	17,5005	17,4285	17,4285	17,4426	17,4285	17,4285	17,4291	17,4559	17,4608
1,85	17,4285	17,4285	17,4285	17,4285	17,4285	17,4285	17,4285	17,4285	17,4285	17,4285	17,4285	17,4285	17,4285	17,4323	17,4285	17,4285	17,4285	17,4291	17,4285	17,4341	17,6209
1,9	17,4285	17,4285	17,4285	17,4285	17,4285	17,4285	17,4285	17,4286	17,4285	17,4285	17,4285	17,4558	17,4285	17,4285	17,4314	17,4288	17,4432	19,4742	17,4285	17,4685	17,5315
1,95	17,4285	17,4285	17,4285	17,4285	17,4386	17,4452	17,4285	17,4285	17,4433	17,4304	17,4285	17,4285	17,4285	17,4285	17,4285	17,4285	17,4285	17,4285	20,7953	20,9441	22,1699
2	17,4285	17,4532	17,4285	17,4285	17,4285	17,4285	19,2481	17,4399	17,4291	17,4329	17,4292	17,4485	17,4354	17,5693	17,4285	17,4365	17,4285	17,4399	19,9288	17,5696	18,6290

w = 0,6

	WPBS																				
WGBS	1	1,05	1,1	1,15	1,2	1,25	1,3	1,35	1,4	1,45	1,5	1,55	1,6	1,65	1,7	1,75	1,8	1,85	1,9	1,95	2
1	17,4296	17,4537	17,4361	17,4465	17,5560	17,8667	17,4401	17,4285	17,4418	17,5257	17,4344	17,8845	17,4390	17,4498	17,4431	17,4378	18,0831	17,8502	17,4384	17,5343	17,5141
1,05	17,4286	17,4879	17,4340	17,4286	17,4513	17,4314	17,4290	17,4825	17,5424	17,4322	17,6085	17,4460	17,4381	17,4307	17,4730	17,5927	17,8497	17,4396	17,4526	17,4288	18,6436
1,1	17,4359	17,4295	17,4321	17,4287	17,4361	17,4900	17,4287	17,4310	17,4455	17,5830	17,6835	17,4289	17,4299	17,4368	17,4543	17,4297	17,4624	17,4301	17,4555	17,4321	17,4343
1,15	17,4458	17,4356	17,4285	17,4287	17,4333	18,1691	17,4287	17,4307	17,4285	17,4286	17,4805	17,4295	17,4285	17,7136	17,7214	17,5560	17,4520	17,4358	17,4313	17,4488	17,4400
1,2	17,4289	17,4285	17,4393	17,4286	17,4285	17,4285	17,4285	17,4318	17,4288	17,4294	17,4329	17,4285	17,5372	17,5639	17,4894	17,5340	17,4285	17,5628	17,5845	17,4896	18,8253
1,25	17,4285	17,4285	17,4285	17,4285	17,4285	17,4285	17,4290	17,4401	17,4594	17,4618	17,4318	17,4400	17,4368	17,5046	17,4631	17,6272	17,5127	17,5268	17,4713	17,5304	17,4339
1,3	17,4285	17,4405	17,4285	17,4285	17,4523	17,4290	17,4317	17,4285	17,4924	17,4316	17,4288	17,4365	17,4657	17,4286	17,6867	17,4423	17,6268	17,4842	21,8030	17,9994	17,4477
1,35	17,4285	17,4285	17,4285	17,4289	23,1317	17,5761	17,4345	17,4464	17,4285	17,5162	17,6323	17,8471	17,4679	17,4348	17,6471	17,4510	21,8706	17,5779	17,4720	17,4853	17,9816
1,4	17,4285	17,4310	17,4287	17,4471	17,4285	17,4285	17,4287	17,4444	17,4618	17,5224	17,6048	17,4498	17,4783	17,5775	17,4292	17,4496	17,6802	17,4853	17,4356	19,5929	17,4733
1,45	17,4285	17,4285	17,4285	17,4285	17,4601	17,4285	17,4799	17,4287	17,4288	17,4285	17,4333	17,4431	17,4600	17,4606	17,4693	17,5024	17,9476	17,6509	17,6135	24,9120	17,7386
1,5	17,4285	17,4285	17,9195	17,4285	17,4285	17,4870	17,5598	17,4610	17,4298	17,5219	17,5215	17,5020	17,4997	18,6244	17,7060	24,8102	17,6003	17,6075	17,8905	19,1984	17,7376
1,55	17,4292	17,4316	17,4979	17,4314	17,4286	17,4704	17,4315	17,5824	17,7557	17,8446	17,5085	17,8010	17,5355	19,9666	17,4346	17,5558	17,6645	19,2696	17,6683	17,6231	17,5136
1,6	17,4314	21,1773	17,5929	17,4367	17,4285	17,6058	17,4999	17,4285	18,3175	17,4602	17,4901	17,4544	18,3340	23,6210	17,5443	24,0997	17,4323	18,8529	17,7944	17,6270	19,3438
1,65	17,5262	17,4318	17,8820	17,4525	17,4542	20,4637	17,4455	17,4286	17,4871	17,6581	17,4839	23,9238	17,4488	17,6531	17,4331	18,9765	17,9961	24,6312	19,9817	25,3911	17,7316
1,7	17,4285	17,4285	17,4298	17,6000	17,4679	17,4966	17,5314	17,4336	17,5923	21,2350	17,7744	19,7475	18,9705	23,8678	17,4470	25,7586	19,5357	17,6094	27,2717	19,5801	23,8418
1,75	17,6147	17,4386	24,6452	17,5803	17,5631	17,4589	17,4457	22,5037	18,6205	21,2792	18,1605	19,6602	17,9653	30,3706	20,3761	17,6699	17,7269	17,5343	21,6013	18,6299	28,1986
1,8	17,4285	17,4285	17,4290	17,4297	23,1818	17,9718	17,4288	24,8323	19,1412	33,4498	18,1678	23,8063	17,6057	21,8404	18,1301	21,1986	25,7704	20,6210	22,6664	17,8606	20,8850
1,85	17,5890	17,4463	18,0044	17,4314	21,5909	17,4287	17,4324	18,7799	20,9253	19,6681	17,9475	21,4017	25,5983	20,1988	17,6130	24,6117	18,0323	17,7356	17,8265	24,2175	18,8243
1,9	17,5262	17,4289	18,2480	17,4405	23,3393	17,4287	18,0768	17,4354	17,5382	21,6696	30,0822	18,6712	26,5681	22,4393	17,6076	33,8711	27,3334	27,0556	20,5969	17,9631	21,3798
1,95	17,4688	17,4472	17,4543	17,4966	21,5436	17,4328	18,0781	18,3713	18,9740	18,6726	17,4526	17,4288	17,4309	17,5906	25,7734	26,9414	18,2887	20,0789	22,1516	17,7717	26,0218
2	17,9895	21,5916	17,5833	17,6519	17,4516	18,5962	17,4448	17,7910	18,6615	17,9463	18,8128	21,9386	24,7559	20,9918	18,4985	20,5131	21,6816	21,4406	22,5854	31,7545	37,3569

w = 0,7

	WPBS																				
WGBS	1	1,05	1,1	1,15	1,2	1,25	1,3	1,35	1,4	1,45	1,5	1,55	1,6	1,65	1,7	1,75	1,8	1,85	1,9	1,95	2
1	17,4317	17,4739	20,8989	17,7293	17,6216	17,7020	17,6760	17,7695	25,2433	17,5278	18,2831	17,8893	17,9694	17,8013	17,8055	18,1348	17,7311	18,5759	18,4365	19,7967	17,9397
1,05	17,4285	22,2270	17,4358	17,8494	17,4845	17,5053	17,7528	17,7903	18,3029	18,3121	17,7823	17,7474	17,4626	22,7088	18,9223	18,0809	31,1461	17,9057	22,6600	23,0323	18,7138
1,1	17,4509	21,2202	17,4761	22,2903	18,2925	17,5121	17,8456	19,7811	19,6754	18,1630	19,5635	17,5182	21,7274	20,3510	17,8271	19,5579	18,5927	18,4382	24,6345	26,7337	19,5032
1,15	17,6688	17,4637	18,7802	17,7553	17,5230	17,5462	17,6540	17,4807	17,6130	17,7212	21,7906	19,1803	21,5502	20,8989	25,1523	18,0879	17,5580	21,1206	17,8419	18,6327	18,5369
1,2	17,9115	17,8540	19,8328	29,6493	18,0464	17,9181	18,2901	20,0123	17,5540	22,2827	18,2928	17,8823	20,1323	18,8927	18,3437	22,1018	17,9912	20,1021	20,7436	19,0516	22,6015
1,25	17,4343	19,0163	17,6957	18,0592	18,1427	18,6578	18,7949	17,7297	23,1562	27,0622	19,0494	20,8321	20,6333	18,4484	18,8817	26,1973	19,5123	22,5246	21,8923	21,8025	19,3811
1,3	18,8226	18,0828	17,6860	18,2103	17,5818	18,5174	26,5110	17,9431	19,3713	23,3684	20,7171	17,5218	20,0075	21,5660	19,2040	17,4810	26,9996	17,6877	42,8893	23,9045	27,5403
1,35	18,6974	18,0420	21,7867	18,2560	17,8623	19,3203	29,1355	20,1762	18,7862	44,3510	17,4373	20,0575	19,5921	20,8304	20,6978	17,6826	17,8820	24,9904	34,5692	26,3211	18,1502
1,4	19,2974	17,8611	17,7468	17,7145	19,9546	17,8237	22,4529	18,9245	19,3911	21,5490	20,1402	30,3741	42,9598	40,7748	18,6612	31,8187	22,4781	32,1911	29,9459	21,1887	23,8560
1,45	18,0129	26,7099	19,6515	19,7044	18,1635	19,3806	21,8699	42,9893	18,1040	19,1719	32,1480	26,3485	20,0890	21,1832	28,6862	22,9728	28,5555	35,2252	24,9197	38,7437	20,0826
1,5	18,4596	18,7441	25,9877	18,2212	19,4310	23,1146	19,2916	28,2889	25,3773	27,2920	20,7177	31,0601	21,0093	17,9455	23,9913	25,2033	22,3839	21,5091	28,4409	21,2580	19,2720
1,55	29,7358	22,1710	17,9886	18,6901	32,2279	40,9919	24,1265	18,3300	25,5711	19,4656	22,6374	22,9036	32,0774	19,5892	24,6617	18,9312	32,3692	24,2403	31,9657	21,1558	25,1775
1,6	35,4216	29,8148	25,1318	19,9864	30,4611	23,5714	18,9685	21,0380	34,4060	25,1493	35,5320	28,1915	20,5771	24,3106	26,0118	26,8276	31,7261	31,6844	28,4324	21,2000	27,6062
1,65	24,0236	24,3760	20,4127	19,1015	30,2025	22,6475	32,6420	29,0943	18,7219	19,6062	30,2496	26,1857	25,0265	26,6742	22,3293	28,5625	43,7736	24,8389	23,7657	25,1937	25,4466
1,7	26,8105	33,4340	28,0336	21,7921	43,3602	24,9216	23,9558	19,4125	21,9709	34,1962	24,1281	41,9138	28,6537	18,6944	30,7851	33,0746	21,7621	33,5149	22,6231	34,3991	32,6688
1,75	22,7077	27,6709	29,1130	36,6945	19,2065	29,1915	27,0892	29,1040	31,0661	25,6741	21,2867	26,6613	48,8163	31,3457	30,0889	34,0994	24,0689	43,2719	40,0399	20,5467	32,0297
1,8	31,0869	28,9191	25,2414	37,1588	21,1158	31,3216	26,4889	23,6499	44,0440	20,5376	29,2938	37,8647	22,2109	25,5990	55,0903	34,7000	43,4088	26,8164	41,0653	57,5154	30,8462
1,85	41,0811	22,1608	37,5342	27,6416	30,8571	41,9002	27,4586	51,2782	20,3705	33,7782	28,2756	23,2271	24,8284	29,1257	35,5637	27,8460	29,2125	41,6239	38,7998	24,5060	29,5753
1,9	26,7830	24,1962	34,3328	26,4281	46,9482	22,9375	33,2918	53,7605	23,2075	32,3729	29,8243	28,3775	28,5401	24,6239	61,0274	28,0183	33,2468	28,5948	44,1278	27,7520	44,0873
1,95	37,5077	31,8008	27,0142	22,9495	40,4264	32,9836	36,3267	41,0722	28,6790	38,4329	29,8317	35,3069	38,2985	28,5364	25,1897	42,2411	36,5854	44,6291	36,0398	35,8580	45,1399
2	27,4935	32,3933	35,4131	27,6834	36,4352	43,3622	32,6691	26,9184	29,5152	32,4815	33,9932	30,4468	33,4255	38,6815	51,8176	33,2459	40,9489	27,3991	41,6688	29,7992	33,1642

w = 0,8

	WPBS																				
WGBS	1	1,05	1,1	1,15	1,2	1,25	1,3	1,35	1,4	1,45	1,5	1,55	1,6	1,65	1,7	1,75	1,8	1,85	1,9	1,95	2
1	20,1584	21,8972	23,2024	22,8810	19,7127	21,0177	22,2484	18,8421	36,0494	33,9291	41,6735	18,8500	24,5061	25,9738	20,3419	27,6170	24,9198	21,7646	19,8795	31,8637	37,0348
1,05	23,4170	25,1243	39,9794	22,0750	19,4524	19,5325	22,3707	20,7818	27,6734	23,9763	41,5805	33,3747	18,4879	31,6226	25,8780	34,7360	36,4494	27,3633	21,1780	25,2270	22,5628
1,1	24,1962	25,9636	20,1022	24,7977	23,9494	21,8750	20,1487	19,3043	22,0639	34,6091	19,8391	23,8193	22,4889	26,6131	28,0435	31,8626	22,4523	36,5091	22,7984	19,4769	23,0367
1,15	25,8455	23,0671	31,2340	26,5153	21,5163	26,5289	22,5943	27,9057	27,8684	21,0928	20,7010	22,0435	22,3028	38,4499	21,2487	27,6954	23,0803	23,8074	25,8406	23,9417	23,1960
1,2	25,1294	29,5138	28,6628	32,4277	31,5769	22,9956	36,9781	30,2367	32,1071	41,4342	31,4574	23,0498	29,6762	29,2796	40,7557	32,0601	42,6970	26,4030	31,2390	21,1817	33,3162
1,25	23,6406	24,0932	37,4548	42,7069	28,4895	28,8362	34,0144	21,8563	27,7946	43,4899	36,9648	32,3309	29,1383	41,0374	20,8768	32,0289	24,8833	27,3094	51,1450	38,9339	21,5479
1,3	34,4955	44,4912	31,9726	44,5085	32,0822	39,3848	34,2917	23,3955	22,1630	33,8828	27,3063	45,3916	29,2063	30,5214	22,7514	26,0020	31,1525	37,9353	43,5819	25,0339	20,0132
1,35	25,9381	44,5910	41,9431	53,3604	24,8008	23,0511	39,4124	54,0172	31,0354	34,2431	36,8514	33,0811	23,7756	27,0470	47,4577	30,2605	34,4203	38,1891	27,8059	25,6279	26,3160
1,4	41,7563	41,2010	40,1050	30,0748	28,4287	43,4767	63,2562	34,8707	39,3299	24,8688	24,2201	45,9123	26,4903	34,9706	29,3273	39,1715	35,6724	29,0498	29,4043	26,2245	31,2159
1,45	27,4767	32,5327	44,4648	40,1753	36,1398	58,0797	23,1364	32,6167	31,9914	38,3158	34,7917	32,1782	21,1888	26,1411	52,6976	39,0828	35,0250	27,9483	43,5208	41,6329	43,1210
1,5	43,6012	50,9018	29,3052	25,8608	42,7459	53,0051	28,1792	46,5121	43,0852	33,4538	41,9718	35,4192	36,2150	26,3124	36,3816	66,3547	39,1227	44,6064	37,9415	47,9495	43,6194
1,55	30,6577	54,8533	40,4087	27,1991	53,6804	42,5907	52,2758	29,5446	41,7956	44,9184	47,5879	42,1113	42,5374	56,3003	38,3055	57,9780	38,0731	54,2391	52,9016	45,9291	42,6761
1,6	47,8399	38,7121	39,2593	49,2120	34,7711	62,2050	72,7231	42,5365	48,4946	29,9125	39,3671	38,7361	61,6321	30,8442	34,4614	40,3886	31,0674	29,3712	53,6430	40,9910	31,0421
1,65	35,8066	35,0986	47,2573	54,7403	35,1071	32,7771	41,9500	40,4944	28,4429	37,3793	36,9473	35,0863	29,3928	48,4349	26,8835	40,0779	43,3035	31,7472	25,6841	29,8099	34,2109
1,7	49,8346	42,2423	32,3151	34,5855	76,6075	31,8942	43,5240	32,5394	35,6925	44,4320	36,0726	30,5242	36,8885	50,4136	34,4750	40,7548	43,8846	49,1832	75,0234	41,7487	40,2145
1,75	30,6530	33,5494	40,4323	37,8776	41,9783	60,5847	36,1196	56,0145	33,2099	31,8692	30,5437	36,3290	32,5425	43,4013	54,5554	31,7031	43,9021	34,3745	41,9443	38,5156	42,0486
1,8	32,7382	63,4162	59,8910	58,2578	37,9389	44,4615	58,4398	67,9227	32,7378	27,4020	33,0615	53,1780	30,3426	49,8470	56,9986	44,3980	31,1482	33,9962	47,2270	31,2200	40,0412
1,85	45,9192	47,4865	42,2628	42,4081	50,6575	42,5203	78,8201	49,9618	51,8356	47,0192	63,5872	47,5671	68,7436	68,8479	33,9437	56,3701	74,6705	53,1630	40,3328	69,4382	41,6522
1,9	60,6087	34,2559	69,5938	39,0721	63,9901	37,2710	43,7939	29,6684	46,0432	33,4747	48,2801	65,0368	45,5798	33,9105	44,9584	35,2937	43,7163	46,5453	69,5918	46,4493	45,4449
1,95	55,9200	39,6438	28,9574	61,0989	67,1467	54,6621	49,7126	51,3553	47,9506	56,2758	40,3276	45,0975	48,7591	46,5153	44,8992	64,0750	42,1181	48,6321	42,4864	44,3290	56,9930
2	47,3160	43,2094	51,0523	50,5398	48,0458	49,1599	58,5227	51,4608	50,0975	47,9022	45,7420	67,2258	46,0109	51,0739	62,2238	65,0832	41,4258	61,3205	61,4935	47,1633	46,4106

w = 0,9

WGBS \ WPBS	1	1,05	1,1	1,15	1,2	1,25	1,3	1,35	1,4	1,45	1,5	1,55	1,6	1,65	1,7	1,75	1,8	1,85	1,9	1,95	2
1	33,2506	29,3798	29,7866	31,1450	26,7611	28,4231	30,5233	37,7825	33,0536	27,9736	27,1155	36,4899	31,1123	31,2195	32,5129	58,7549	32,5592	34,3845	28,7428	31,3009	33,4517
1,05	35,7193	31,2986	33,3167	31,1335	29,9131	25,3545	30,2706	32,7398	26,3882	28,8456	29,3645	58,1900	41,5534	52,8681	45,4164	36,7411	47,4304	31,3261	47,1908	49,8911	26,9235
1,1	39,8800	28,3781	40,3100	50,7662	26,1858	28,9408	39,1610	45,4046	52,6766	31,3590	29,3311	33,4590	53,4838	26,3994	36,6936	37,2200	51,8913	27,9328	33,3723	22,8738	61,4604
1,15	25,7014	31,4459	41,8186	41,6260	55,7379	26,4316	36,5702	27,8500	55,4728	34,0838	57,9995	31,0798	27,7067	54,0079	27,1986	30,4712	29,5847	44,8270	41,3109	35,5507	46,1305
1,2	71,3220	44,3408	33,3068	35,6822	39,4355	38,1608	51,7431	34,3035	41,4374	68,1296	42,3179	35,0624	30,1518	33,4037	38,1724	39,0169	29,4640	42,3617	26,9562	30,2346	32,0725
1,25	32,7551	48,5488	49,0193	37,8352	32,4184	33,4669	30,0624	45,7907	33,4285	56,8163	50,7222	29,1088	32,2654	39,5056	32,7411	31,1407	56,7388	28,1021	34,7746	43,0548	26,3503
1,3	41,8393	30,6562	25,0157	28,3329	42,6268	44,7024	45,1382	54,8212	40,7064	39,4164	79,8791	28,1986	60,6860	32,1073	45,6764	42,1656	37,0231	42,1105	57,3475	55,5169	37,5476
1,35	47,2448	34,9060	33,2443	41,8180	31,5216	41,1012	39,0530	34,3102	36,8654	37,0779	36,2728	60,2890	33,3811	37,2107	27,0919	35,7240	43,7537	35,1557	53,1308	44,4289	46,8722
1,4	36,3291	39,8002	25,6439	32,3292	43,5934	36,8921	56,6287	72,8784	30,1161	56,3641	33,2747	40,2957	64,5469	40,9318	37,5801	63,0801	57,1432	51,6551	44,5347	46,1567	37,8379
1,45	58,7013	39,4854	44,5731	42,2827	45,8921	49,0216	34,8338	35,9368	45,4870	59,1831	69,9587	51,3644	56,1753	50,7169	40,4855	34,5705	42,4753	53,1833	42,3920	42,4580	47,7950
1,5	42,4120	39,8496	39,2339	44,9830	30,0731	33,8322	49,1186	38,1784	66,8513	46,2985	47,6526	53,7768	35,1001	61,5755	42,0362	44,7821	48,8617	45,4254	51,8077	54,8953	63,7079
1,55	30,1214	41,0443	65,1708	37,2457	38,6349	39,7872	46,1010	42,9108	32,5710	41,0002	37,7477	37,0784	41,2001	59,6535	49,1000	44,9580	36,3186	53,1348	35,8822	41,4328	66,4787
1,6	50,6557	61,6176	44,4973	37,0274	52,1005	80,2924	68,7991	36,8965	50,4614	47,6650	67,1828	45,9442	54,3680	34,9478	41,6758	44,9647	42,5906	51,0191	49,0692	57,5138	50,9183
1,65	67,8529	47,4503	45,6597	37,1095	42,3939	57,2486	40,5113	62,7745	55,4314	50,6287	47,4465	44,3593	61,5500	50,5945	57,8263	64,7733	42,8339	40,8608	56,1145	82,3329	35,8205
1,7	55,0394	65,8926	64,9717	33,9865	49,3286	67,9183	56,6409	46,1300	57,7595	61,8817	38,9814	59,7821	62,1038	43,6740	48,2983	67,7479	47,9238	69,6469	63,8689	81,2210	39,3998
1,75	46,9961	51,0159	62,7434	40,2327	62,7851	61,3225	56,0920	83,2818	67,9057	40,3833	65,9032	76,3579	44,3652	56,5875	43,8786	43,5488	49,3718	54,7132	40,4724	50,2202	59,7312
1,8	40,4945	54,3382	36,4057	62,2123	52,5081	72,6896	62,9159	53,7172	49,9387	56,1536	58,4914	76,4292	75,3349	38,5300	40,0202	63,6133	50,8832	41,2356	60,8209	47,2934	83,6226
1,85	33,5601	49,1689	59,0878	53,8234	36,0352	57,0044	53,8655	63,4522	51,9263	45,3514	57,0537	47,5151	68,5835	46,1957	65,7765	92,9464	55,2947	58,9591	46,5223	45,8241	54,9585
1,9	46,4777	70,8028	46,5050	44,1239	57,0568	80,1345	69,6955	62,2208	42,2619	64,7788	54,4080	35,6187	47,1520	63,8147	48,6638	39,4845	64,9754	57,0800	51,3175	46,3235	71,4229
1,95	35,0945	48,4005	82,1824	46,9261	62,4616	44,9750	56,9134	48,7261	44,0540	37,4383	61,2235	44,2880	67,1785	63,3489	61,1526	41,6870	56,2368	48,9546	46,6186	49,6706	46,0849
2	48,9327	71,1925	51,7699	66,7521	41,2709	71,4753	73,0997	42,6893	49,9198	62,9037	64,9831	48,7152	45,0115	68,3924	63,3560	44,4251	69,0974	47,1576	76,0097	84,2739	39,2713

w = 1,0

WGBS \ WPBS	1	1,05	1,1	1,15	1,2	1,25	1,3	1,35	1,4	1,45	1,5	1,55	1,6	1,65	1,7	1,75	1,8	1,85	1,9	1,95	2
1	41,7169	55,7663	50,8286	33,3531	51,3359	56,7020	55,5941	34,5653	55,4271	35,9249	41,6182	67,1918	42,7036	54,9216	39,3911	46,0079	48,2923	43,5076	37,2406	44,3932	37,1288
1,05	39,3175	54,0680	45,3734	69,6859	42,5937	40,7637	45,2061	47,3840	44,6741	42,2751	43,7032	40,5510	40,6479	57,5290	47,5918	36,9716	76,0118	48,0086	58,3358	38,5704	62,8687
1,1	45,7983	39,8518	43,8413	56,0995	50,2701	53,9629	49,8770	51,7574	64,9576	40,4103	38,9363	45,7279	45,0689	39,8225	47,7881	48,5637	57,0021	44,3102	51,3209	46,9073	63,5718
1,15	47,9230	51,3676	41,9748	55,6804	32,1511	52,3910	81,8878	39,7172	50,6510	51,9469	49,1425	60,3781	86,3350	51,9414	46,0607	33,8606	51,4928	40,6080	60,7067	69,6992	50,3118
1,2	60,8244	52,9300	47,4010	50,6166	61,8926	55,6100	63,5210	50,9920	36,6532	45,6217	64,8462	64,6479	40,5348	61,1418	41,6495	42,3469	48,0161	51,1949	74,0122	59,4094	48,5231
1,25	50,1523	46,2477	57,3114	50,2886	72,2460	44,7603	60,2799	49,6397	31,8058	49,9915	60,9150	64,7459	45,8963	47,5694	46,6265	44,8195	72,5960	67,8710	44,3238	66,9074	51,3159
1,3	70,7960	86,1337	55,9949	52,3798	80,5461	56,4366	42,8321	50,6630	55,0227	52,9638	72,6353	48,7074	55,4337	43,2876	41,8572	42,0155	41,7917	48,0751	46,3472	51,3582	58,1991
1,35	93,2792	62,5760	49,6398	64,6614	37,6039	54,8745	46,3061	44,5058	57,8780	57,0002	43,8642	57,1170	40,8697	43,7783	48,1664	71,0098	51,6088	55,4253	75,6490	75,5859	46,6871
1,4	65,1109	57,6125	48,9069	63,6508	54,3816	54,6797	59,9994	48,1328	52,9374	52,8191	49,7616	61,3773	50,3814	52,5506	46,7479	80,6748	63,6377	57,4206	52,8100	52,6883	51,1529
1,45	52,1334	47,9497	60,5905	50,4496	52,7437	52,6250	72,0310	62,3428	62,0210	63,1812	64,1869	55,6142	85,0679	51,9355	61,0921	54,1990	55,7297	76,0644	52,2462	54,6533	72,0464
1,5	92,7673	68,1435	61,7775	76,7102	53,0122	63,5043	60,6539	64,9449	76,4712	78,6556	101,9037	47,7031	55,0360	53,2686	62,3406	52,3190	59,0526	59,8875	43,3154	40,7485	48,2836
1,55	78,8220	64,4813	49,8237	45,9493	74,0534	79,3692	46,9863	58,3744	41,9932	68,5772	81,2548	54,6705	65,9462	57,1608	59,1063	47,1338	54,1947	54,8091	67,2607	63,8360	72,8396
1,6	54,6199	49,4048	74,4692	55,4641	49,6610	52,3885	65,6281	60,5265	55,1592	41,0053	57,8337	66,1088	47,6520	46,0495	60,0367	57,9321	61,9124	75,5120	86,8060	49,5042	48,2616
1,65	67,7664	79,4034	62,4587	47,4349	78,6122	68,8807	75,8670	69,2964	43,3417	53,5334	40,0607	46,7454	67,9442	59,8897	59,6619	86,7479	50,2943	68,2783	71,6618	60,5688	64,1774
1,7	67,5454	68,3768	73,4474	54,0822	60,8328	74,4399	55,4051	62,3716	74,4254	65,0753	62,5385	64,1432	71,3487	86,7944	87,0871	67,7164	52,6724	50,8990	49,0455	79,7518	52,7886
1,75	90,4373	57,4457	68,8499	55,0072	72,6712	87,8141	52,0382	81,3877	67,3281	68,6151	58,9652	62,8287	113,7568	62,4333	44,2040	66,0312	69,3080	54,1839	71,4064	63,8560	61,1601
1,8	67,2468	54,9985	74,6285	63,0131	55,4666	66,9136	62,0768	53,9532	53,2353	92,3342	54,0914	56,8511	66,0033	64,5652	64,8357	60,6974	53,1347	66,5156	50,0312	68,7934	69,3432
1,85	65,1876	80,9451	78,0432	58,0240	71,3835	63,6934	57,4483	81,8888	41,1880	74,2503	61,1241	53,0073	44,4263	73,0706	63,7392	55,1582	72,8207	54,1075	71,3560	82,7104	69,3505
1,9	51,5434	68,1698	55,2527	57,6431	78,1598	54,6729	76,3083	87,6435	52,1060	61,0696	65,5491	56,5702	56,2465	80,1975	78,1650	73,9647	58,7758	72,1326	78,3334	62,7346	72,4488
1,95	49,7314	88,5883	74,3118	77,5460	61,6352	74,5995	61,3341	74,0247	52,0024	58,5931	59,3201	71,9889	66,6211	98,0775	50,2182	49,3636	53,4352	77,7739	75,8291	74,3233	64,7239
2	54,9761	78,2271	66,9018	70,9129	54,9421	104,0817	97,1410	89,6595	76,6372	75,2655	72,3551	80,5077	64,2707	93,5934	68,3006	70,1592	86,5074	79,3119	63,7422	69,7439	39,8245

Anhang 4: Parameterqualität bei Z_2

w = 0

WGBS \ WPBS	1	1,05	1,1	1,15	1,2	1,25	1,3	1,35	1,4	1,45	1,5	1,55	1,6	1,65	1,7	1,75	1,8	1,85	1,9	1,95	2
1	1,8014	1,5684	1,5505	1,6745	1,5687	1,7886	1,5567	1,3690	1,4452	1,4664	1,2729	1,4847	1,5571	1,3336	1,2689	1,4329	1,3335	1,2969	1,2942	1,3150	1,3162
1,05	2,0714	1,4824	1,6045	1,4608	1,5601	1,4763	1,3021	1,4873	1,4821	1,2854	1,3680	1,4058	1,2985	1,3948	1,3131	1,2667	1,2467	1,2531	1,2936	1,2917	1,2751
1,1	1,4905	1,4007	1,4352	1,3527	1,3199	1,3341	1,2673	1,2991	1,4372	1,3657	1,3162	1,3542	1,3018	1,2785	1,2825	1,2531	1,3156	1,2983	1,3038	1,2375	1,2433
1,15	1,4020	1,3985	1,3408	1,2915	1,3630	1,3078	1,2749	1,3640	1,2683	1,2075	1,2366	1,3054	1,2012	1,2553	1,3390	1,2336	1,2835	1,2916	1,2919	1,2527	1,1892
1,2	1,3169	1,3323	1,2709	1,2489	1,2886	1,3717	1,2341	1,3360	1,1898	1,2464	1,2613	1,3208	1,2642	1,2534	1,2130	1,1920	1,2418	1,1431	1,1731	1,2041	1,1796
1,25	1,2152	1,3651	1,2576	1,3019	1,3036	1,2449	1,2017	1,2785	1,2375	1,2807	1,2296	1,2459	1,2142	1,2032	1,1692	1,1186	1,1339	1,1905	1,2369	1,2047	1,1556
1,3	1,3856	1,1514	1,2779	1,1847	1,1642	1,2180	1,2687	1,2221	1,2064	1,1367	1,2119	1,1466	1,1180	1,1785	1,1816	1,1947	1,2388	1,1951	1,1480	1,1757	1,1543
1,35	1,3024	1,1951	1,1511	1,2139	1,1694	1,1318	1,1623	1,2013	1,2576	1,1687	1,1454	1,0970	1,1216	1,1053	1,1536	1,1859	1,1156	1,1601	1,1095	1,1072	1,1748
1,4	1,1531	1,1630	1,1563	1,1706	1,2216	1,1689	1,1431	1,1720	1,1674	1,2300	1,1976	1,1026	1,1852	1,1412	1,1301	1,1133	1,1275	1,1035	1,1591	1,0916	1,1099
1,45	1,1381	1,1411	1,1893	1,1358	1,1284	1,0885	1,1283	1,1593	1,0863	1,1042	1,1164	1,1105	1,1321	1,1331	1,1596	1,0863	1,1479	1,0859	1,0801	1,1110	1,1299
1,5	1,1257	1,1159	1,1434	1,1448	1,1695	1,1391	1,1089	1,1084	1,1059	1,0754	1,1054	1,1166	1,0901	1,1385	1,0980	1,0804	1,1028	1,1032	1,1433	1,0882	1,1525
1,55	1,0644	1,1617	1,1049	1,0749	1,1372	1,1333	1,1209	1,1243	1,0815	1,0848	1,0831	1,0613	1,0894	1,0984	1,0579	1,1158	1,1059	1,0679	1,0769	1,0708	1,0628
1,6	1,1364	1,0880	1,0999	1,0794	1,1675	1,0986	1,0978	1,0732	1,0619	1,0823	1,0672	1,0697	1,0721	1,0705	1,0602	1,0739	1,0731	1,0722	1,0870	1,0818	1,0656
1,65	1,1040	1,0694	1,0598	1,0769	1,1045	1,0702	1,0760	1,0873	1,1018	1,0652	1,1118	1,0772	1,1012	1,0730	1,0838	1,0775	1,0660	1,0576	1,0598	1,0635	1,0828
1,7	1,1178	1,0809	1,0799	1,1120	1,1055	1,0679	1,0632	1,0612	1,0855	1,0617	1,0913	1,0672	1,0592	1,0638	1,0767	1,0600	1,0559	1,0980	1,0665	1,0617	1,0580
1,75	1,1158	1,0550	1,0774	1,0594	1,0568	1,0569	1,0779	1,0570	1,0796	1,0655	1,0589	1,0646	1,0924	1,0578	1,0578	1,0550	1,0655	1,0564	1,0573	1,0556	1,0547
1,8	1,0552	1,0643	1,0745	1,0779	1,0628	1,0692	1,0727	1,0546	1,0574	1,0553	1,0610	1,0623	1,0545	1,0636	1,0600	1,0603	1,0582	1,0732	1,0546	1,0546	1,0545
1,85	1,0564	1,0599	1,0940	1,0561	1,0590	1,0558	1,0569	1,0558	1,0702	1,0560	1,0545	1,0558	1,0546	1,0545	1,0550	1,0552	1,0556	1,0635	1,0607	1,0544	1,0543
1,9	1,0550	1,0909	1,0804	1,0547	1,0568	1,0633	1,0547	1,0550	1,0553	1,0591	1,0545	1,0550	1,0633	1,0548	1,0544	1,0546	1,0550	1,0547	1,0551	1,0835	1,0576
1,95	1,0561	1,0547	1,0559	1,0624	1,0552	1,0554	1,0601	1,0548	1,0561	1,0554	1,0545	1,0545	1,0543	1,0545	1,0544	1,0543	1,0545	1,0625	1,0546	1,0545	1,0593
2	1,0545	1,0772	1,0548	1,0550	1,0552	1,0548	1,0547	1,0543	1,0543	1,0548	1,0545	1,0555	1,0544	1,0544	1,0544	1,0544	1,0574	1,0545	1,0543	1,0585	1,0543

w = 0,1

WGBS \ WPBS	1	1,05	1,1	1,15	1,2	1,25	1,3	1,35	1,4	1,45	1,5	1,55	1,6	1,65	1,7	1,75	1,8	1,85	1,9	1,95	
1	1,5876	1,4772	1,3233	1,3822	1,3946	1,2995	1,3626	1,1709	1,2181	1,3118	1,2430	1,2908	1,1433	1,1677	1,3039	1,2003	1,1980	1,1809	1,1823	1,1936	1,2[illegible]
1,05	1,3877	1,4156	1,2526	1,2355	1,2446	1,3389	1,1644	1,1687	1,1684	1,2041	1,1643	1,1859	1,2473	1,1892	1,1357	1,2227	1,1837	1,1354	1,1365	1,1711	1,1[illegible]
1,1	2,4268	1,3258	1,2880	1,2187	1,2660	1,2213	1,2659	1,2805	1,2009	1,2190	1,2584	1,1329	1,2095	1,1826	1,1754	1,1591	1,1636	1,1434	1,1441	1,1411	1,1[illegible]
1,15	1,3514	1,3303	3,5727	1,1737	1,2121	1,2120	1,1780	1,1912	1,2082	1,1017	1,1181	1,2057	1,1867	1,1540	1,1688	1,1266	1,1688	1,1056	1,1707	1,1719	1,1[illegible]
1,2	1,2271	1,1758	1,1809	1,1737	1,1856	1,1982	1,1321	1,2239	1,1289	1,2260	1,2214	1,1174	1,2054	1,1310	1,1111	1,1142	1,1013	1,1054	1,1316	1,0951	1,1[illegible]
1,25	1,1859	1,1912	1,1636	1,1121	1,1504	1,1766	1,1771	1,1473	1,1211	1,1170	1,1804	1,1272	1,1245	1,1111	1,1723	1,1545	1,1314	1,1243	1,1368	1,1122	1,0[illegible]
1,3	1,1759	1,1616	1,1364	1,1782	1,1561	1,1472	1,1284	1,1789	1,1792	1,1458	1,1240	1,1632	1,0876	1,1390	1,1117	1,1162	1,1583	1,0985	1,1126	1,0702	1,1[illegible]
1,35	1,1429	1,1492	1,1061	1,1423	1,1128	1,0892	1,1201	1,1317	1,0949	1,0845	1,0789	1,1252	1,1457	1,1083	1,1394	1,1403	1,0905	1,0801	1,0692	1,1251	1,0[illegible]
1,4	1,1600	1,1386	1,0887	1,1499	1,0645	1,0906	1,1405	1,1343	1,0931	1,0594	1,0996	1,1317	1,1173	1,0911	1,0806	1,0830	1,0749	1,1079	1,0553	1,1190	1,0[illegible]
1,45	1,1276	1,1547	1,1154	1,1106	1,0722	1,1026	1,1913	1,1110	1,0664	1,1409	1,0834	1,1147	1,0907	1,0954	1,1129	1,0773	1,0673	1,0778	1,0787	1,0792	1,0[illegible]
1,5	1,1362	1,1157	1,1020	1,0988	1,0856	1,0645	1,0768	1,0927	1,0994	1,1266	1,1508	1,0578	1,0751	1,0866	1,0753	1,0823	1,0942	1,0863	1,0783	1,0817	1,0[illegible]
1,55	1,1033	3,6055	1,0568	1,1031	1,1237	1,0983	1,0820	1,0610	1,0603	1,0904	1,0902	1,0652	1,0692	1,0548	1,1107	1,0675	1,0854	1,0784	1,0844	1,0580	1,1[illegible]
1,6	1,0882	1,0550	1,0785	1,0636	1,0797	1,0592	1,0871	1,0716	1,0552	1,0555	1,0700	1,0926	1,0811	1,0639	1,0625	1,0543	1,0904	1,0625	1,0631	1,0775	1,0[illegible]
1,65	1,0730	1,0550	1,0821	1,0927	1,1128	1,0586	1,0602	1,0545	1,0722	1,0633	1,0543	1,0545	1,0557	1,0727	1,0583	1,0611	1,0583	1,0598	1,0805	1,0548	1,0[illegible]
1,7	1,0708	1,0742	1,0709	1,0751	1,0558	1,0590	1,0621	1,0611	1,0617	1,0631	1,0548	1,0544	1,0553	1,0542	1,0642	1,0545	1,0552	1,0612	1,0549	1,0557	1,0[illegible]
1,75	1,0788	1,0596	1,0560	1,0814	1,0553	1,1071	1,0684	1,0561	1,0557	1,0545	1,0544	1,0543	1,0567	1,0548	1,0562	1,0544	1,0620	1,0682	1,0551	1,0548	1,0[illegible]
1,8	1,0543	1,0555	1,0545	1,0544	1,0543	1,0563	1,0543	1,0759	1,0543	1,0585	1,0544	1,0544	1,0550	1,0556	1,0543	1,0577	1,0575	1,0574	1,0546	1,0542	1,0[illegible]
1,85	1,0543	1,0654	1,0543	1,0614	1,0544	1,0557	1,0551	1,0552	1,0544	1,0543	1,0545	1,0543	1,0544	1,0552	1,0557	1,0545	1,0543	1,0544	1,0543	1,0545	1,0[illegible]
1,9	1,0553	1,0574	1,0544	1,0543	1,0543	1,0542	1,0544	1,0543	1,0543	1,0543	1,0543	1,0543	1,0543	1,0589	1,0543	1,0545	1,0545	1,0543	1,0542	1,0543	1,0[illegible]
1,95	1,0545	1,0542	1,0554	1,0543	1,0543	1,0551	1,0544	1,0544	1,0543	1,0542	1,0542	1,0543	1,0543	1,0545	1,0544	1,0543	1,0543	1,0543	1,0543	1,0543	1,0[illegible]
2	1,0543	1,0544	1,0542	1,0543	1,0582	1,0543	1,0543	1,0543	1,0543	1,0543	1,0543	1,0543	1,0543	1,0543	1,0542	1,0543	1,0543	1,0542	1,0542	1,0543	1,0[illegible]

w = 0,2

WGBS \ WPBS	1	1,05	1,1	1,15	1,2	1,25	1,3	1,35	1,4	1,45	1,5	1,55	1,6	1,65	1,7	1,75	1,8	1,85	1,9	1,95	2
1	1,2111	1,1553	1,1799	1,2293	1,1264	1,0999	1,1535	1,1067	1,1522	1,1477	1,1313	1,0670	1,1514	1,0913	1,1379	1,1442	1,1401	1,1095	1,1463	1,1399	1,1163
1,05	1,1744	1,1621	1,1908	1,1411	1,1160	1,1846	1,1008	1,1439	1,1171	1,1082	1,0767	1,0855	1,0730	1,1098	1,0643	1,1324	1,0772	1,1229	1,0817	1,1186	1,0809
1,1	1,1713	1,1648	1,1631	1,1246	1,1408	1,0723	1,1009	1,0924	1,1244	1,1119	1,1250	1,0940	1,0901	1,1234	1,0813	1,0892	1,1077	1,1097	1,0821	1,1040	1,0710
1,15	1,1278	1,1823	1,1348	1,1280	1,1010	1,1489	1,0924	1,1639	1,1165	1,0920	1,0949	1,1162	1,1483	1,1328	1,1141	1,1111	1,1035	1,0930	1,0970	1,0798	1,0975
1,2	1,1291	1,1729	1,1085	1,0630	1,0638	1,0746	1,0678	1,0834	1,1019	1,1204	1,1045	1,1086	1,0901	1,0544	1,1418	1,0742	1,0773	1,0900	1,0712	1,0656	1,0603
1,25	1,1390	1,0802	1,1073	1,1142	1,1124	1,1366	1,0928	1,0907	1,0637	1,0852	1,0708	1,0543	1,0662	1,0887	1,0959	1,0837	1,0761	1,1062	1,0856	1,0880	1,0770
1,3	1,0893	1,1150	1,1260	1,0747	1,1131	1,0716	1,0735	1,0933	1,0932	1,0888	1,0915	1,0700	1,0647	1,0728	1,0670	1,0957	1,1143	1,0693	1,0615	1,0547	1,0994
1,35	1,0911	1,0922	1,0867	1,0713	1,0546	1,0657	1,0689	1,0848	1,1170	1,0834	1,0871	1,0929	1,0784	1,0618	1,0856	1,0682	1,0674	1,0556	1,0688	1,0846	1,0663
1,4	1,0640	1,1146	1,0729	1,0628	1,0641	1,0853	1,0967	1,0717	1,0663	1,0786	1,0553	1,0849	1,0618	1,0833	1,0577	1,0551	1,0543	1,0543	1,0704	1,0592	1,0646
1,45	1,0578	1,0834	1,0753	1,0558	1,0863	1,0543	1,0588	1,0711	1,0659	1,0552	1,0622	1,0576	1,0901	1,0543	1,0552	1,0607	1,0703	1,0543	1,0592	1,0545	1,0659
1,5	1,0887	1,0789	1,0765	1,0597	1,0556	1,0548	1,0543	1,0549	1,0858	1,0564	1,0570	1,0559	1,0722	1,0656	1,0589	1,0937	1,0555	1,0666	1,0549	1,0587	1,0628
1,55	1,0633	1,0783	1,0716	1,0559	1,0639	1,0612	1,0547	1,0543	1,0555	1,0544	1,0611	1,0543	1,0570	1,0544	1,0545	1,0556	1,0543	1,0681	1,0613	1,0550	1,0543
1,6	1,0552	1,0587	1,0548	1,0544	1,0543	1,0691	1,0559	1,0543	1,0551	1,0667	1,0565	1,0545	1,0543	1,0543	1,0543	1,0543	1,0542	1,0646	1,0543	1,0551	1,0543
1,65	1,0542	1,0715	1,0548	1,0543	1,0543	1,0552	1,0542	1,0548	1,0544	1,0705	1,0544	1,0546	1,0543	1,0544	1,0543	1,0609	1,0543	1,0543	1,0545	1,0543	1,0543
1,7	1,0572	1,0649	1,0591	1,0548	1,0690	1,0556	1,0543	1,0544	1,0543	1,0543	1,0543	1,0557	1,0544	1,0542	1,0543	1,0566	1,0543	1,0551	1,0542	1,0543	1,0544
1,75	1,0543	1,0545	1,0543	1,0543	1,0544	1,0609	1,0549	1,0543	1,0543	1,0556	1,0571	1,0542	1,0542	1,0543	1,0543	1,0543	1,0543	1,0542	1,0543	1,0543	1,0542
1,8	1,0551	1,0542	1,0546	1,0543	1,0547	1,0544	1,0543	1,0543	1,0543	1,0542	1,0543	1,0666	1,0542	1,0543	1,0545	1,0543	1,0542	1,0553	1,0543	1,0543	1,0542
1,85	1,0543	1,0542	1,0544	1,0542	1,0543	1,0542	1,0543	1,0543	1,0543	1,0543	1,0543	1,0542	1,0542	1,0543	1,0543	1,0542	1,0542	1,0542	1,0543	1,0542	1,0542
1,9	1,0542	1,0542	1,0543	1,0545	1,0543	1,0543	1,0543	1,0542	1,0542	1,0543	1,0545	1,0543	1,0543	1,0542	1,0542	1,0543	1,0542	1,0542	1,0543	1,0543	1,0542
1,95	1,0542	1,0543	1,0558	1,0542	1,0543	1,0542	1,0542	1,0543	1,0542	1,0542	1,0543	1,0543	1,0543	1,0543	1,0542	1,0542	1,0543	1,0543	1,0542	1,0543	1,0553
2	1,0542	1,0542	1,0542	1,0543	1,0543	1,0542	1,0543	1,0542	1,0542	1,0542	1,0542	1,0543	1,0542	1,0543	1,0542	1,0542	1,0543	1,0542	1,0543	1,0542	1,0542

w = 0,3

WGBS \ WPBS	1	1,05	1,1	1,15	1,2	1,25	1,3	1,35	1,4	1,45	1,5	1,55	1,6	1,65	1,7	1,75	1,8	1,85	1,9	1,95	2
1	1,1796	1,1215	1,0643	1,0830	1,0796	1,0623	1,0754	1,0732	1,1053	1,0793	1,0669	1,0900	1,0973	1,0690	1,0722	1,0955	1,0618	1,1242	1,0597	1,0736	1,0897
1,05	1,0768	1,0551	1,1019	1,1032	1,1103	1,0929	1,0625	1,0928	1,0924	1,0624	1,0595	1,0757	1,0955	1,0668	1,0856	1,0893	1,0564	1,0697	1,0570	1,0760	1,0682
1,1	1,0669	1,0704	1,1082	1,0910	1,0584	1,0603	1,0857	1,0754	1,0815	1,0543	1,0704	1,0709	1,0552	1,0559	1,0546	1,0784	1,0723	1,0543	1,0592	1,0601	1,0543
1,15	1,1173	1,0551	1,0884	1,0712	1,0769	1,1331	1,0891	1,0543	1,0755	1,0577	1,0543	1,0818	1,0550	1,0557	1,0814	1,0563	1,0883	1,0683	1,0614	1,0543	1,0543
1,2	1,1020	1,1004	1,0594	1,0542	1,0829	1,0546	1,0739	1,0544	1,0753	1,0555	1,0544	1,0685	1,0564	1,0543	1,0545	1,0553	1,0561	1,0543	1,0616	1,0543	1,0794
1,25	1,0545	1,0949	1,0549	1,0549	1,0592	1,0803	1,0553	1,0881	1,0593	1,0680	1,0606	1,0833	1,0543	1,0611	1,0641	1,0545	1,0608	1,0571	1,0595	1,0592	1,0554
1,3	1,0544	1,0589	1,0786	1,0550	1,0543	1,0613	1,0715	1,0940	1,0581	1,0843	1,0560	1,0818	1,0542	1,0551	1,0668	1,0546	1,0552	1,0560	1,0557	1,0575	1,0542
1,35	1,0596	1,0840	1,0544	1,0558	1,0736	1,0543	1,0699	1,0543	1,0553	1,0547	1,0766	1,0608	1,0543	1,0752	1,0548	1,0543	1,0543	1,0592	1,0543	1,0558	1,0543
1,4	1,0543	1,0688	1,0580	1,0543	1,0562	1,0768	1,0558	1,0543	1,0543	1,0551	1,0543	1,0547	1,0542	1,0543	1,0543	1,0546	1,0543	1,0543	1,0542	1,0542	1,0543
1,45	1,0550	1,0627	1,0542	1,0633	1,0543	1,0543	1,0543	1,0550	1,0543	1,0543	1,0553	1,0543	1,0543	1,0543	1,0542	1,0543	1,0543	1,0543	1,0543	1,0542	1,0542
1,5	1,0543	1,0659	1,0543	1,0544	1,0544	1,0576	1,0542	1,0543	1,0548	1,0543	1,0545	1,0542	1,0543	1,0553	1,0543	1,0542	1,0542	1,0542	1,0565	1,0560	1,0544
1,55	1,0542	1,0542	1,0543	1,0542	1,0543	1,0632	1,0543	1,0553	1,0545	1,0542	1,0543	1,0543	1,0543	1,0543	1,0543	1,0543	1,0543	1,0543	1,0547	1,0542	1,0542
1,6	1,0542	1,0543	1,0543	1,0543	1,0543	1,0543	1,0543	1,0543	1,0550	1,0544	1,0543	1,0542	1,0543	1,0543	1,0543	1,0543	1,0544	1,0543	1,0542	1,0543	1,0543
1,65	1,0543	1,0542	1,0543	1,0542	1,0543	1,0543	1,0751	1,0542	1,0544	1,0542	1,0543	1,0542	1,0542	1,0543	1,0542	1,0543	1,0542	1,0543	1,0543	1,0543	1,0542
1,7	1,0543	1,0543	1,0543	1,0543	1,0543	1,0542	1,0543	1,0543	1,0543	1,0542	1,0543	1,0542	1,0543	1,0542	1,0542	1,0543	1,0543	1,0542	1,0542	1,0543	1,0542
1,75	1,0543	1,0542	1,0542	1,0542	1,0543	1,0543	1,0542	1,0542	1,0542	1,0542	1,0542	1,0542	1,0542	1,0542	1,0542	1,0542	1,0542	1,0543	1,0542	1,0542	1,0542
1,8	1,0542	1,0542	1,0543	1,0542	1,0542	1,0542	1,0542	1,0543	1,0542	1,0543	1,0542	1,0542	1,0542	1,0542	1,0542	1,0542	1,0542	1,0542	1,0543	1,0543	1,0542
1,85	1,0542	1,0543	1,0542	1,0542	1,0542	1,0543	1,0542	1,0542	1,0542	1,0543	1,0541	1,0542	1,0542	1,0542	1,0543	1,0542	1,0542	1,0542	1,0542	1,0542	1,0542
1,9	1,0542	1,0542	1,0542	1,0542	1,0542	1,0542	1,0542	1,0542	1,0542	1,0542	1,0542	1,0542	1,0542	1,0542	1,0542	1,0542	1,0542	1,0542	1,0542	1,0542	1,0542
1,95	1,0542	1,0542	1,0542	1,0542	1,0542	1,0542	1,0542	1,0541	1,0542	1,0542	1,0542	1,0542	1,0542	1,0542	1,0541	1,0542	1,0542	1,0543	1,0542	1,0542	1,0542
2	1,0542	1,0542	1,0542	1,0542	1,0542	1,0542	1,0541	1,0542	1,0541	1,0542	1,0542	1,0542	1,0542	1,0542	1,0542	1,0542	1,0542	1,0542	1,0542	1,0542	1,0542

w = 0,4

	WPBS																				
WGBS	1	1,05	1,1	1,15	1,2	1,25	1,3	1,35	1,4	1,45	1,5	1,55	1,6	1,65	1,7	1,75	1,8	1,85	1,9	1,95	2
1	1,0579	1,0547	1,0649	1,0675	1,0719	1,0705	1,0548	1,1053	1,0926	1,0800	1,0846	1,0638	1,0675	1,0891	1,0546	1,0604	1,0543	1,0543	1,0543	1,0845	1,0543
1,05	1,0805	1,0734	1,0607	1,0645	1,0547	1,0673	1,0575	1,0543	1,0558	1,0601	1,0547	1,0595	1,0548	1,0604	1,0543	1,0655	1,0542	1,0543	1,0542	1,0543	1,0543
1,1	1,0623	1,0745	1,0674	1,0542	1,0543	1,0641	1,0543	1,0547	1,0543	1,0567	1,0579	1,0589	1,0542	1,0576	1,0572	1,0543	1,0543	1,0547	1,0543	1,0554	1,0553
1,15	1,0638	1,0672	1,0552	1,0543	1,0684	1,0599	1,0543	1,0545	1,0597	1,0545	1,0547	1,0543	1,0546	1,0543	1,0545	1,0542	1,0545	1,0637	1,0543	1,0543	1,0546
1,2	1,0686	1,0543	1,0543	1,0544	1,0667	1,0542	1,0543	1,0542	1,0543	1,0573	1,0543	1,0543	1,0543	1,0542	1,0543	1,0543	1,0544	1,0543	1,0543	1,0542	1,0543
1,25	1,0543	1,0549	1,0544	1,0545	1,0542	1,0543	1,0711	1,0675	1,0543	1,0543	1,0542	1,0543	1,0543	1,0542	1,0542	1,0542	1,0855	1,0544	1,0542	1,0543	1,0542
1,3	1,0542	1,0545	1,0543	1,0542	1,0602	1,0543	1,0543	1,0542	1,0543	1,0543	1,0547	1,0543	1,0542	1,0542	1,0543	1,0542	1,0543	1,0543	1,0543	1,0542	1,0543
1,35	1,0607	1,0543	1,0542	1,0543	1,0542	1,0542	1,0543	1,0542	1,0542	1,0542	1,0543	1,0542	1,0543	1,0543	1,0542	1,0542	1,0542	1,0543	1,0542	1,0543	1,0543
1,4	1,0542	1,0544	1,0543	1,0543	1,0543	1,0561	1,0542	1,0546	1,0542	1,0543	1,0542	1,0543	1,0543	1,0543	1,0543	1,0543	1,0543	1,0543	1,0543	1,0542	1,0543
1,45	1,0542	1,0542	1,0543	1,0542	1,0542	1,0543	1,0542	1,0542	1,0543	1,0543	1,0542	1,0543	1,0543	1,0545	1,0543	1,0543	1,0542	1,0543	1,0542	1,0543	1,0543
1,5	1,0543	1,0543	1,0542	1,0542	1,0543	1,0542	1,0543	1,0543	1,0542	1,0543	1,0542	1,0542	1,0543	1,0542	1,0542	1,0543	1,0543	1,0542	1,0542	1,0542	1,0542
1,55	1,0543	1,0542	1,0542	1,0542	1,0542	1,0543	1,0542	1,0542	1,0542	1,0543	1,0542	1,0542	1,0543	1,0542	1,0543	1,0542	1,0542	1,0542	1,0542	1,0542	1,0543
1,6	1,0542	1,0542	1,0542	1,0542	1,0543	1,0542	1,0542	1,0542	1,0542	1,0542	1,0542	1,0542	1,0542	1,0542	1,0542	1,0542	1,0542	1,0542	1,0542	1,0542	1,0542
1,65	1,0542	1,0542	1,0542	1,0542	1,0543	1,0542	1,0542	1,0541	1,0542	1,0542	1,0542	1,0542	1,0543	1,0542	1,0542	1,0542	1,0542	1,0542	1,0542	1,0542	1,0542
1,7	1,0542	1,0541	1,0542	1,0542	1,0541	1,0541	1,0542	1,0542	1,0542	1,0542	1,0542	1,0541	1,0542	1,0542	1,0541	1,0542	1,0543	1,0542	1,0542	1,0541	1,0542
1,75	1,0542	1,0542	1,0542	1,0542	1,0542	1,0542	1,0542	1,0542	1,0542	1,0542	1,0541	1,0541	1,0542	1,0541	1,0542	1,0542	1,0541	1,0542	1,0542	1,0541	1,0541
1,8	1,0541	1,0542	1,0542	1,0542	1,0542	1,0542	1,0541	1,0542	1,0542	1,0541	1,0542	1,0542	1,0541	1,0542	1,0546	1,0542	1,0541	1,0541	1,0541	1,0542	1,0542
1,85	1,0542	1,0541	1,0541	1,0541	1,0541	1,0541	1,0541	1,0542	1,0542	1,0542	1,0541	1,0541	1,0541	1,0542	1,0541	1,0542	1,0542	1,0542	1,0542	1,0543	1,0541
1,9	1,0541	1,0542	1,0541	1,0541	1,0541	1,0541	1,0542	1,0541	1,0542	1,0541	1,0542	1,0541	1,0542	1,0542	1,0542	1,0575	1,0541	1,0542	1,0542	1,0542	1,0541
1,95	1,0541	1,0541	1,0541	1,0541	1,0541	1,0542	1,0541	1,0541	1,0541	1,0541	1,0541	1,0542	1,0541	1,0541	1,0542	1,0542	1,0541	1,0541	1,0541	1,0542	1,0545
2	1,0542	1,0541	1,0541	1,0541	1,0541	1,0541	1,0541	1,0541	1,0541	1,0541	1,0542	1,0543	1,0542	1,0541	1,0542	1,0542	1,0541	1,0542	1,0542	1,0541	1,0542

w = 0,5

	WPBS																				
WGBS	1	1,05	1,1	1,15	1,2	1,25	1,3	1,35	1,4	1,45	1,5	1,55	1,6	1,65	1,7	1,75	1,8	1,85	1,9	1,95	2
1	1,0542	1,0543	1,0543	1,0543	1,0543	1,0660	1,0542	1,0543	1,0549	1,0542	1,0543	1,0543	1,0543	1,0544	1,0542	1,0542	1,0543	1,0542	1,0543	1,0543	1,0543
1,05	1,0543	1,0542	1,0542	1,0543	1,0550	1,0543	1,0542	1,0545	1,0543	1,0550	1,0543	1,0542	1,0542	1,0543	1,0543	1,0543	1,0543	1,0542	1,0543	1,0545	1,0543
1,1	1,0543	1,0543	1,0542	1,0543	1,0543	1,0543	1,0544	1,0544	1,0542	1,0542	1,0543	1,0542	1,0544	1,0543	1,0542	1,0543	1,0543	1,0542	1,0542	1,0543	1,0543
1,15	1,0542	1,0543	1,0542	1,0543	1,0543	1,0543	1,0542	1,0543	1,0542	1,0542	1,0543	1,0543	1,0543	1,0542	1,0542	1,0543	1,0543	1,0543	1,0543	1,0543	1,0543
1,2	1,0542	1,0690	1,0542	1,0542	1,0542	1,0542	1,0542	1,0543	1,0542	1,0542	1,0542	1,0542	1,0542	1,0543	1,0542	1,0542	1,0542	1,0542	1,0543	1,0543	1,0543
1,25	1,0543	1,0542	1,0542	1,0542	1,0542	1,0543	1,0542	1,0542	1,0542	1,0542	1,0542	1,0543	1,0542	1,0543	1,0543	1,0542	1,0543	1,0542	1,0543	1,0545	1,0543
1,3	1,0543	1,0543	1,0542	1,0543	1,0542	1,0543	1,0542	1,0543	1,0542	1,0543	1,0552	1,0542	1,0542	1,0542	1,0542	1,0543	1,0542	1,0542	1,0543	1,0542	1,0542
1,35	1,0542	1,0542	1,0542	1,0542	1,0541	1,0543	1,0542	1,0542	1,0542	1,0542	1,0542	1,0542	1,0542	1,0543	1,0553	1,0541	1,0542	1,0542	1,0544	1,0542	1,0542
1,4	1,0542	1,0542	1,0542	1,0542	1,0542	1,0542	1,0549	1,0542	1,0542	1,0542	1,0542	1,0542	1,0542	1,0545	1,0542	1,0542	1,0543	1,0543	1,0542	1,0542	1,0546
1,45	1,0542	1,0542	1,0542	1,0541	1,0542	1,0544	1,0542	1,0541	1,0542	1,0542	1,0546	1,0542	1,0542	1,0542	1,0543	1,0541	1,0542	1,0542	1,0542	1,0577	1,0545
1,5	1,0542	1,0541	1,0542	1,0541	1,0542	1,0542	1,0542	1,0542	1,0542	1,0542	1,0542	1,0552	1,0542	1,0542	1,0542	1,0542	1,0542	1,0542	1,0542	1,0544	1,0542
1,55	1,0541	1,0542	1,0542	1,0541	1,0542	1,0542	1,0542	1,0541	1,0541	1,0542	1,0541	1,0542	1,0541	1,0541	1,0542	1,0542	1,0542	1,0546	1,0542	1,0546	1,0542
1,6	1,0541	1,0541	1,0541	1,0541	1,0542	1,0541	1,0542	1,0541	1,0541	1,0549	1,0542	1,0542	1,0541	1,0542	1,0551	1,0586	1,0567	1,0584	1,0542	1,0542	1,0545
1,65	1,0542	1,0542	1,0542	1,0541	1,0542	1,1011	1,0541	1,0542	1,0542	1,0541	1,0542	1,0543	1,0541	1,0541	1,0603	1,0543	1,0542	1,0544	1,0542	1,0545	1,0542
1,7	1,0542	1,0541	1,0542	1,0541	1,0541	1,0542	1,0541	1,0541	1,0541	1,0543	1,0541	1,0545	1,0752	1,0542	1,0547	1,0545	1,0546	1,0546	1,0551	1,0544	1,0542
1,75	1,0541	1,0542	1,0541	1,0541	1,0717	1,0541	1,0541	1,0542	1,0654	1,0543	1,0542	1,0541	1,0552	1,0541	1,0542	1,0549	1,0547	1,0577	1,0542	1,0541	1,0568
1,8	1,0541	1,0542	1,0541	1,0542	1,0541	1,0541	1,0541	1,0542	1,0542	1,0568	1,0543	1,0544	1,0546	1,0542	1,0541	1,0542	1,0544	1,0563	1,0551	1,0542	1,0761
1,85	1,0541	1,0541	1,0542	1,0541	1,0541	1,0541	1,0541	1,0541	1,0541	1,0542	1,0542	1,0541	1,0816	1,0544	1,0542	1,0556	1,0542	1,1024	1,0541	1,0549	1,0544
1,9	1,0541	1,0542	1,0542	1,0541	1,0542	1,0541	1,0541	1,0541	1,0541	1,0563	1,0542	1,0548	1,0545	1,0621	1,0545	1,0549	1,0630	1,0715	1,0562	1,0543	1,0544
1,95	1,0542	1,0542	1,0541	1,0541	1,0541	1,0542	1,0541	1,0541	1,0541	1,0544	1,0541	1,0541	1,0543	1,0543	1,0542	1,0546	1,0545	1,0542	1,0701	1,0542	1,0547
2	1,0541	1,0541	1,0541	1,0541	1,0541	1,0542	1,0589	1,0543	1,0544	1,0542	1,0542	1,0554	1,0544	1,0542	1,0570	1,0542	1,0545	1,0546	1,0543	1,0543	1,0542

w = 0,6

	WPBS																				
WGBS	1	1,05	1,1	1,15	1,2	1,25	1,3	1,35	1,4	1,45	1,5	1,55	1,6	1,65	1,7	1,75	1,8	1,85	1,9	1,95	2
1	1,0542	1,0543	1,0542	1,0542	1,0554	1,0543	1,0682	1,0543	1,0543	1,0553	1,0563	1,0542	1,0543	1,0543	1,0545	1,0543	1,0554	1,0559	1,0577	1,0545	1,1371
1,05	1,0543	1,0543	1,0542	1,0542	1,0542	1,0542	1,0543	1,0543	1,0547	1,0562	1,0544	1,0543	1,0543	1,0550	1,0588	1,0555	1,0891	1,0543	1,1107	1,0558	1,0549
1,1	1,0542	1,0542	1,0542	1,0542	1,0543	1,0542	1,0542	1,0548	1,0542	1,0542	1,0542	1,0542	1,0547	1,0708	1,0567	1,0825	1,0542	1,0687	1,0882	1,0570	1,0831
1,15	1,0542	1,0542	1,0542	1,0543	1,0542	1,0542	1,0543	1,0542	1,0582	1,0542	1,0544	1,0554	1,0549	1,0546	1,0547	1,0543	1,0550	1,0564	1,0746	1,0556	1,0750
1,2	1,0542	1,0542	1,0543	1,0542	1,0568	1,0595	1,0543	1,0542	1,0542	1,0583	1,0566	1,0734	1,0582	1,0611	1,0585	1,0542	1,0733	1,0600	1,0542	1,0575	1,0775
1,25	1,0542	1,0542	1,0542	1,0542	1,0543	1,0542	1,0542	1,0542	1,0543	1,0541	1,0542	1,0554	1,0583	1,0553	1,0558	1,0545	1,0757	1,0577	1,1516	1,0577	1,0551
1,3	1,0542	1,0542	1,0582	1,0541	1,0578	1,0541	1,0629	1,0548	1,0609	1,0542	1,0586	1,0570	1,0544	1,0550	1,0542	1,0850	1,0636	1,1089	1,0547	1,0575	1,0586
1,35	1,0542	1,0542	1,0548	1,0542	1,0543	1,0542	1,0551	1,0544	1,0542	1,0592	1,0543	1,0725	1,0547	1,0544	1,0791	1,0587	1,0547	1,0846	1,1267	1,0558	1,0944
1,4	1,0541	1,0644	1,0542	1,0801	1,0586	1,0542	1,0542	1,0544	1,0544	1,0798	1,0569	1,0568	1,0547	1,0544	1,0562	1,0547	1,0777	1,0617	1,0543	1,0548	1,0852
1,45	1,0586	1,0541	1,0542	1,0544	1,0552	1,0541	1,0549	1,0549	1,0845	1,0543	1,1043	1,0542	1,0932	1,0600	1,0694	1,0547	1,1044	1,0543	1,0957	1,0932	1,0586
1,5	1,0582	1,0542	1,0617	1,0541	1,0543	1,0586	1,0681	1,0588	1,0656	1,0584	1,0543	1,0551	1,0769	1,0573	1,0943	1,0760	1,0559	1,0561	1,0574	1,0550	1,0851
1,55	1,0543	1,0542	1,0561	1,0574	1,0551	1,0951	1,0578	1,1260	1,0815	1,0625	1,1027	1,0644	1,0610	1,1074	1,0690	1,0668	1,0841	1,0587	1,1097	1,0596	1,1354
1,6	1,0885	1,0542	1,0543	1,0546	1,0579	1,0542	1,1377	1,1219	1,0548	1,0636	1,0551	1,0585	1,0580	1,0563	1,1028	1,0764	1,0936	1,0859	1,0549	1,1637	1,0933
1,65	1,0544	1,0644	1,0636	1,0576	1,0543	1,0588	1,0589	1,0545	1,0668	1,0652	1,0815	1,0568	1,0559	1,0688	1,0640	1,0994	1,0891	1,0808	1,1148	1,0986	1,0701
1,7	1,0543	1,0543	1,0726	1,0542	1,0890	1,0542	1,0663	1,0621	1,0672	1,0544	1,0805	1,0600	1,0719	1,0543	1,0555	1,0682	1,0843	1,0641	1,0794	1,0576	1,0743
1,75	1,0557	1,0621	1,0562	1,0758	1,0635	1,0547	1,0630	1,0588	1,0586	1,0573	1,0906	1,0690	1,0556	1,0864	1,0948	1,0580	1,1341	1,1644	1,1233	1,1096	1,1075
1,8	1,1115	1,0558	1,0769	1,0543	1,0561	1,0554	1,1074	1,0603	1,1104	1,0551	1,0940	1,1516	1,0629	1,0894	1,0860	1,0844	1,0607	1,1022	1,0577	1,0742	1,1557
1,85	1,0565	1,0566	1,0545	1,0818	1,1896	1,1714	1,0654	1,1298	1,0803	1,0784	1,0818	1,0563	1,0593	1,0724	1,1021	1,0770	1,0570	1,1585	1,0573	1,0924	1,1360
1,9	1,1395	1,0634	1,0621	1,0569	1,0725	1,0951	1,0908	1,0997	1,0862	1,0736	1,0544	1,0788	1,0860	1,0706	1,0869	1,0925	1,0919	1,0815	1,1266	1,0645	1,0991
1,95	1,1276	1,0558	1,0581	1,0547	1,0700	1,1704	1,0707	1,1141	1,0808	1,0555	1,0817	1,1045	1,0971	1,1262	1,1040	1,1231	1,1206	1,1297	1,0938	1,1739	1,1350
2	1,0553	1,1572	1,1002	1,0733	1,1227	1,0550	1,0840	1,0722	1,0960	1,2121	1,0563	1,1352	1,1110	1,1527	1,2427	1,1716	1,1055	1,1842	1,0943	1,0867	1,0661

w = 0,7

WGBS \ WPBS	1	1,05	1,1	1,15	1,2	1,25	1,3	1,35	1,4	1,45	1,5	1,55	1,6	1,65	1,7	1,75	1,8	1,85	1,9	1,95	
1	1,0576	1,0658	1,0874	1,0651	1,0594	1,0547	1,0546	1,0877	1,0550	1,1009	1,0770	1,0980	1,0861	1,0904	1,1089	1,0579	1,0713	1,0696	1,0774	1,0768	1,11
1,05	1,1289	1,0597	1,1576	1,0667	1,0587	1,0965	1,0602	1,1554	1,1346	1,0576	1,1072	1,1086	1,0819	1,0644	1,0806	1,0942	1,1196	1,0747	1,1936	1,1020	1,07
1,1	1,0636	1,0977	1,0905	1,0678	1,0771	1,1044	1,1046	1,0754	1,0953	1,1659	1,1434	1,0928	1,0747	1,1286	1,0773	1,0675	1,0866	1,0585	1,1549	1,0693	1,14
1,15	1,1058	1,0571	1,0543	1,0626	1,0817	1,0966	1,0739	1,0634	1,1302	1,0561	1,0589	1,0956	1,0901	1,1111	1,0718	1,1642	1,0766	1,0622	1,0587	1,0893	1,11
1,2	1,0920	1,0933	1,0608	1,0911	1,0863	1,0675	1,1732	1,1031	1,1247	1,0696	1,0767	1,1745	1,1317	1,0764	1,0709	1,0698	1,0826	1,0594	1,0683	1,0941	1,07
1,25	1,0672	1,0927	1,0554	1,0588	1,0880	1,0864	1,1008	1,0843	1,0999	1,0589	1,0727	1,0996	1,1253	1,0645	1,0727	1,0827	1,1473	1,1093	1,0925	1,1181	1,11
1,3	1,1391	1,0773	1,1135	1,0815	1,1151	1,0707	1,0939	1,1351	1,1120	1,1244	1,0811	1,1057	1,1077	1,0779	1,0632	1,0703	1,1112	1,0915	1,1284	1,1075	1,10
1,35	1,1071	1,0980	1,0786	1,1788	1,0923	1,1041	1,1341	1,0907	1,0691	1,1073	1,1364	1,1377	1,1663	1,0976	1,1236	1,0865	1,0717	1,1147	1,1689	1,1262	1,12
1,4	1,0701	1,0882	1,1454	1,1146	1,1366	1,1430	1,1700	1,0821	1,1481	1,1123	1,1032	1,1150	1,0628	1,0654	1,0888	1,1734	1,1646	1,1241	1,1007	1,0859	1,11
1,45	1,0887	1,0712	1,1802	1,0941	1,1123	1,0788	1,0839	1,0597	1,0805	1,1737	1,1459	1,1896	1,1271	1,1196	1,1072	1,1235	1,1009	1,0808	1,1492	1,1630	1,24
1,5	1,0778	1,1073	1,0841	1,0760	1,0826	1,2191	1,0978	1,1655	1,1056	1,1154	1,1153	1,1496	1,2177	1,1152	1,1234	1,0973	1,0710	1,1426	1,1521	1,1530	1,07
1,55	1,2625	1,0663	1,1129	1,0790	1,1895	1,2497	1,0981	1,1952	1,2087	1,0839	1,1573	1,0938	1,0794	1,1639	1,1809	1,1975	1,1474	1,1600	1,3646	1,2693	1,14
1,6	1,1000	1,0693	1,2436	1,1207	1,1092	1,1552	1,0970	1,1499	1,1326	1,0865	1,0948	1,0906	1,1695	1,1745	1,1437	1,1480	1,2677	1,1084	1,2109	1,1272	1,24
1,65	1,0796	1,1381	1,0685	1,1590	1,1084	1,1490	1,1248	1,1128	1,0999	1,1176	1,2413	1,1140	1,1810	1,1464	1,1688	1,1227	1,1495	1,1906	1,1252	1,1854	1,25
1,7	1,1179	1,0713	1,2063	1,0790	1,1026	1,2127	1,1607	1,1459	1,0923	1,0871	1,1660	1,3963	1,1240	1,2250	1,0911	1,0962	1,1563	1,1827	1,2695	1,2441	1,13
1,75	1,1120	1,1375	1,1299	1,1011	1,1893	1,1080	1,1904	1,1119	1,1898	1,1613	1,1627	1,1317	1,2106	1,1903	1,1158	1,2818	1,2364	1,1676	1,0964	1,1890	1,14
1,8	1,1497	1,1002	1,1298	1,0947	1,1611	1,1008	1,1451	1,1616	1,0782	1,1437	1,0983	1,1332	1,0874	1,1727	1,1215	1,1663	1,1580	1,1416	1,1614	1,1663	1,31
1,85	1,0851	1,0868	1,2087	1,1575	1,1402	1,1443	1,1755	1,2296	3,1341	1,2137	1,1413	1,1505	1,1570	1,2171	1,1566	1,2228	1,2495	1,2124	1,1544	1,6625	1,22
1,9	1,2103	1,3473	1,1505	1,2221	1,2457	1,1808	1,1933	1,2049	1,3611	1,1040	1,1501	1,1818	1,2734	1,1264	1,2705	1,1746	1,2673	1,2140	1,1999	1,2528	1,19
1,95	1,0878	1,1688	1,6506	1,0847	1,2460	1,1761	1,1133	1,3115	1,1173	1,4079	1,2592	1,2524	1,1240	1,3266	1,1497	1,1525	1,1795	1,1418	1,1301	1,3228	1,14
2	1,1139	2,0485	1,1975	1,0880	1,1246	1,1485	1,2879	1,5874	1,1487	1,1755	1,3327	1,1982	1,1319	1,2831	1,4416	1,2130	5,5026	1,3635	1,2285	1,2357	1,16

w = 0,8

WGBS \ WPBS	1	1,05	1,1	1,15	1,2	1,25	1,3	1,35	1,4	1,45	1,5	1,55	1,6	1,65	1,7	1,75	1,8	1,85	1,9	1,95	2
1	1,0776	1,2492	1,0687	1,3876	1,0932	1,1986	1,1537	1,0954	1,0956	1,1318	1,1450	1,1756	1,2590	1,0948	1,1328	1,1285	1,1603	1,0927	1,1530	1,1380	1,1594
1,05	1,1540	1,0934	1,1255	1,1791	1,1893	1,1193	1,1837	1,0884	1,1005	1,1330	1,2328	1,0934	1,2192	1,1477	1,1426	1,1487	1,1456	1,1242	1,1517	1,2158	1,1304
1,1	1,1769	1,2012	1,0802	8,2314	1,2398	1,1853	1,1933	1,1391	1,1324	1,1299	1,1990	1,1312	7,3441	3,9543	1,1279	1,0993	1,1316	1,1241	1,2380	1,1765	1,1448
1,15	1,1672	1,0823	1,1396	1,1153	1,2080	1,1480	1,2132	1,0808	1,2313	1,1031	1,1726	1,1723	1,1445	1,1575	1,1785	1,1031	1,2180	1,1665	1,2054	1,1841	1,1487
1,2	1,1394	1,1647	1,1045	1,1617	1,1530	1,1322	4,4094	1,2437	1,1333	1,1709	1,1868	1,1530	1,1757	1,1570	1,1593	1,2246	1,1532	1,1013	1,2256	1,1807	2,1059
1,25	1,2547	1,3526	1,1552	2,5747	1,1454	1,1399	1,1134	1,1768	1,1570	1,1305	1,3579	1,1282	1,1809	1,1401	1,1466	1,2138	1,0934	8,0961	1,2164	1,1927	1,2458
1,3	1,2300	1,1925	1,1925	1,0993	1,2409	1,3038	1,1318	1,1852	1,1994	1,2211	1,1997	1,2878	1,3319	3,2701	1,2678	1,3336	1,1147	1,2144	1,3046	1,3040	1,1645
1,35	1,3533	1,1813	1,2192	1,1256	1,1529	1,1351	1,2276	1,2189	1,1788	1,1465	1,1287	1,2490	1,1311	1,1872	1,1917	1,3550	1,1978	1,2041	5,3725	1,0909	1,1923
1,4	1,2851	1,3260	1,1898	1,2074	1,2367	1,2074	1,1808	1,2045	1,2079	1,2232	1,2658	1,2180	1,3254	1,1129	1,2733	1,2039	1,1671	1,1836	1,2282	1,2455	1,2155
1,45	3,4598	3,7808	1,2092	1,1973	1,5357	1,1218	1,2549	1,2034	1,1735	1,1440	1,2439	1,3136	1,2628	1,2442	1,2574	1,2116	1,2160	1,2278	1,4053	1,2054	1,1977
1,5	1,2449	1,2376	1,1438	1,2730	1,1630	1,2202	1,1446	1,1657	1,3288	1,2041	1,2021	1,1944	1,1941	1,2555	1,2778	1,2807	1,1903	3,3135	1,3568	1,2937	1,1272
1,55	1,1871	1,2237	1,3518	7,9361	1,2083	1,2187	1,2444	1,3008	1,2754	1,2026	1,2002	1,2600	1,2168	1,3123	1,2210	1,1609	1,3626	1,2805	1,2625	1,2650	3,2162
1,6	1,3015	1,2514	1,3272	1,2319	1,2821	1,1904	1,2100	1,2136	1,2551	1,3018	2,2215	1,3019	1,2400	1,2538	1,2816	1,2651	1,2365	7,5967	1,5618	1,3067	1,2705
1,65	1,2751	1,2502	1,3114	1,2560	1,3019	1,2739	1,2090	1,2923	1,2641	1,2122	1,2475	1,2545	1,2600	1,1912	1,2089	1,2649	4,4743	1,3644	1,2077	1,3572	1,1772
1,7	1,3433	1,2935	1,2170	1,1539	2,8485	1,7143	1,2985	1,3751	1,2028	1,2653	1,2689	1,1878	1,1638	1,2448	1,2669	5,5125	1,2144	5,5028	1,2140	1,2348	1,2846
1,75	1,7121	1,1739	1,2942	1,2328	1,2217	1,4347	1,3309	1,2517	1,3030	1,3112	1,3445	5,1978	1,2391	1,3621	1,3764	1,2746	1,2632	1,2256	1,2649	1,1987	1,2061
1,8	1,3789	1,4356	1,3688	1,2328	1,4317	1,3830	1,2350	1,3112	2,3661	1,1961	4,6096	1,2915	1,1800	7,7682	1,3521	1,3481	1,1364	1,2895	1,2427	1,4081	1,3850
1,85	1,2617	1,3295	1,3354	1,3213	8,1798	1,2429	1,2774	1,3919	1,4565	1,3784	1,2478	1,1750	1,2463	1,2441	1,3638	4,0877	1,1938	1,4365	1,2598	1,2517	1,4084
1,9	1,2418	1,3112	1,2139	1,3096	1,2665	11,6799	1,2521	1,3255	1,2079	1,2762	1,2394	1,2100	7,9082	1,2856	1,6895	1,1915	1,2638	1,1767	1,2338	1,2231	1,3628
1,95	1,2752	3,7039	1,2245	1,3870	1,2554	1,4762	1,2475	1,2980	1,3094	1,2513	1,4913	1,2525	1,1902	1,2802	1,6835	1,2281	1,4264	1,3275	1,2419	1,4004	2,6592
2	1,4099	1,7541	5,0014	1,2017	1,3878	1,2806	1,3540	1,3833	1,3367	1,2325	1,3245	1,3820	1,3638	1,2956	1,8775	1,3849	1,3229	1,3389	1,4545	2,6099	2,3262

w = 0,9

WGBS \ WPBS	1	1,05	1,1	1,15	1,2	1,25	1,3	1,35	1,4	1,45	1,5	1,55	1,6	1,65	1,7	1,75	1,8	1,85	1,9	1,95	2
1	1,1737	1,3033	1,3597	1,3537	1,2085	5,6261	1,2595	1,3729	8,4033	1,2871	1,1857	1,2122	1,2807	1,3443	1,3005	2,9359	1,3249	1,2544	1,3780	1,3275	1,3096
1,05	1,2534	1,2120	1,3043	1,2674	1,3279	1,3183	1,3349	1,1943	2,0952	1,5591	1,1654	1,2209	1,3017	1,2026	1,2182	1,4382	1,3038	1,2420	1,1586	4,1657	1,5658
1,1	4,7490	1,4121	1,3545	1,1848	1,2737	1,2027	1,3866	1,3770	1,4225	1,3452	1,2803	1,3981	1,3745	1,3149	1,2872	1,4172	3,8283	1,2682	1,3497	1,2747	1,2220
1,15	1,3048	1,5043	1,2888	1,2949	1,4061	1,2774	1,3856	1,1798	1,2494	1,2869	1,3603	1,2747	1,2650	1,2655	2,8334	1,4135	1,5070	1,2395	1,3580	1,3145	1,2858
1,2	1,3045	1,2663	1,4712	3,4066	1,3206	1,3821	1,3215	1,3385	1,3938	1,5413	1,4611	6,0046	1,2839	1,3621	1,4530	1,2737	1,1920	1,3008	1,3141	1,3448	1,4101
1,25	3,3550	1,3316	1,3748	1,3883	6,9385	1,2477	1,4575	1,3910	1,2445	1,2496	1,3713	1,2891	1,2876	1,2225	1,3956	1,3225	1,2170	1,3261	1,3623	1,3235	6,1806
1,3	1,2890	1,2875	1,3153	1,3617	1,2966	1,3811	1,2206	1,2329	1,3995	1,3111	1,4332	1,6757	1,3421	1,3141	1,3286	1,3321	5,0672	1,4151	1,4541	1,3094	1,2359
1,35	1,2141	1,3397	1,3398	1,2963	1,3500	1,9931	1,2166	1,2460	4,2895	1,3936	1,3269	1,2441	1,2842	1,3204	1,3390	1,2617	1,4024	1,4427	2,5714	1,4886	5,0312
1,4	1,3308	1,1909	1,3933	1,2521	8,3702	1,2544	1,2173	3,7021	1,4809	1,3907	1,3129	1,2812	1,4612	1,4162	1,3482	1,4223	1,2699	1,3175	1,3691	1,5006	1,3698
1,45	1,2966	1,3613	1,5164	1,4400	1,3422	1,3240	1,2685	1,4100	1,3867	1,2636	1,3209	1,3924	1,2394	1,2084	1,4204	1,4035	1,3466	1,4031	1,3150	1,3446	1,2929
1,5	1,3500	1,3853	1,2820	1,4177	1,3521	1,1626	1,3339	1,2817	1,4617	1,2670	1,2510	1,4771	3,6815	1,4410	1,5032	1,4985	1,5632	1,5134	1,6168	1,3377	1,4130
1,55	1,4062	1,3475	1,3246	1,3058	1,4106	1,4967	1,3899	1,3734	1,2995	1,7216	1,6803	1,4322	1,2749	1,2875	2,7471	3,5024	1,5743	1,5161	1,3715	1,4194	2,5128
1,6	1,6938	1,6370	1,3689	1,2476	1,6108	2,4236	1,3414	1,2534	1,3222	1,3464	1,3292	1,4326	1,2984	1,3978	1,3943	1,2902	1,3106	1,3131	1,4231	1,2414	1,2739
1,65	1,3388	1,5548	1,4711	1,2802	1,4458	4,1164	1,2750	1,4173	2,6845	1,4927	2,3242	1,3519	1,3762	1,3971	1,3468	1,2809	1,3124	1,3645	1,2211	1,3486	1,4677
1,7	2,5842	1,3161	1,3044	1,4594	1,3432	1,4364	5,1786	1,4200	1,4406	1,3167	1,3387	1,3349	1,3778	1,3615	1,4315	1,3324	1,2697	2,7633	1,3725	1,2257	1,4189
1,75	1,4407	1,3913	1,2649	2,6471	1,3825	1,2585	1,4331	1,2995	1,3985	1,7058	2,8399	1,3503	2,2581	1,5570	1,2077	1,4352	1,3210	1,3504	1,4452	1,4247	1,2973
1,8	1,5300	7,4714	1,4499	1,4526	1,2277	1,4329	1,5427	1,3017	1,3378	1,3395	1,3770	1,5332	2,0772	6,8619	1,4736	1,5654	1,4191	1,3779	3,4955	1,3630	1,3699
1,85	1,5440	8,2024	1,3954	1,5321	1,3260	1,3240	1,4701	1,3135	1,3989	1,5657	1,2690	1,3704	1,3451	1,9941	1,6436	1,3725	1,3087	1,2222	1,3510	1,4514	2,4311
1,9	1,6233	1,3691	1,3530	2,2894	1,2996	1,2575	1,4001	1,4736	1,3442	1,2682	1,3612	1,2001	1,4959	1,4023	1,2483	1,2798	1,3552	1,6067	1,3682	1,2844	1,3545
1,95	1,3371	1,2797	1,8421	1,4593	1,2632	1,2440	10,2966	1,4580	1,3061	1,3291	1,4849	1,3030	1,5110	1,2762	1,4246	1,5191	1,4204	1,2767	1,7160	1,6035	4,4575
2	1,3765	1,4077	1,2314	1,3905	1,3544	1,4235	1,3467	1,4840	1,5575	1,3417	1,3422	1,2842	1,5515	1,3505	2,2158	1,3837	1,2569	1,6668	1,5873	1,5251	1,4119

w = 1,0

	WPBS																				
WGBS	1	1,05	1,1	1,15	1,2	1,25	1,3	1,35	1,4	1,45	1,5	1,55	1,6	1,65	1,7	1,75	1,8	1,85	1,9	1,95	2
1	1,3666	1,6709	1,4422	1,3367	1,4996	1,5396	2,6345	1,7281	1,4476	1,4849	6,7458	4,1283	1,5676	1,6964	1,6142	1,4881	1,2886	6,4524	1,4272	1,4779	1,2997
1,05	1,4800	2,0194	2,0759	1,5562	1,4865	1,4060	1,4950	5,3265	1,4179	1,6528	1,3521	1,4931	1,5513	1,3607	1,3473	1,3312	1,3437	1,5628	2,0695	6,2098	1,4470
1,1	1,5153	1,4681	1,6148	1,7888	1,5565	1,3443	1,5291	1,4163	1,6913	4,0795	3,1572	1,5986	1,4078	1,9665	1,8794	1,6673	1,8403	1,5935	1,7326	1,4415	1,6247
1,15	2,9664	1,4758	1,7624	1,4024	1,7248	1,5387	1,4050	1,3525	1,5280	1,4975	1,6143	1,6005	1,3473	1,5404	6,6839	1,4956	1,4427	1,7081	1,2844	1,5996	1,4464
1,2	1,4931	1,5280	1,6240	1,6230	1,4154	1,5519	1,6192	1,7829	7,9001	2,7468	1,6589	1,4408	1,5746	1,3464	1,3430	1,4643	2,3075	3,5086	1,7171	2,3325	1,6210
1,25	1,7396	6,3713	1,7194	1,2896	1,3797	1,4810	1,2930	1,3767	1,6450	2,7282	1,6612	1,5601	1,4167	1,4528	1,3767	1,5184	1,4942	1,8063	1,8131	2,2713	1,5128
1,3	3,0668	1,5894	1,5618	1,5166	1,4630	1,8487	3,2841	1,6613	1,6134	1,4871	1,4658	1,4791	1,5697	1,4416	1,4662	1,5818	1,3816	1,5466	1,3263	2,8419	1,7297
1,35	4,4350	1,5701	1,7309	1,6676	1,3519	1,5246	1,3599	1,6378	1,5064	1,6396	1,5981	1,7167	1,5140	1,2011	1,5393	1,6101	1,4742	3,0791	2,9427	1,2830	1,3040
1,4	2,6230	1,6259	1,5960	1,3904	1,4999	1,4904	1,4720	1,5418	1,6931	1,5199	1,4094	3,5721	1,4719	1,5962	1,5639	1,5872	4,2643	2,1529	1,5454	1,6393	1,6797
1,45	1,8050	1,8234	1,8267	1,5085	1,4087	1,4841	1,5902	2,0941	1,4769	1,9272	1,7408	1,5800	1,4290	1,5629	1,5657	1,4862	1,4682	1,4448	1,6790	1,5044	10,8654
1,5	1,5631	1,5529	1,4378	1,5575	1,7917	1,6238	1,4810	2,0093	1,5847	1,5510	1,6558	3,1105	5,1485	1,7384	1,5005	1,7919	1,5107	2,2398	1,3457	2,3844	1,7541
1,55	4,0663	1,5323	4,7682	3,4065	1,7095	1,5383	1,5422	1,5550	1,4044	1,6498	1,5772	1,7012	1,6062	5,6909	1,6565	1,5281	1,4411	1,3973	1,6004	1,6017	1,5790
1,6	1,5474	1,9044	1,4821	1,4928	1,4056	1,7063	2,3720	1,3667	1,4583	1,5339	1,5290	7,8781	1,5075	1,9163	1,3707	1,4839	1,5415	1,3908	1,4566	1,5474	3,1241
1,65	1,5609	1,5266	1,6193	1,7857	1,4339	1,5982	1,4294	1,5513	2,2101	1,5166	1,6718	1,6023	1,5017	1,4708	1,5396	2,1049	1,4192	1,7024	1,6901	1,6948	1,6115
1,7	8,1599	1,7836	1,5340	1,5126	1,4739	1,3638	1,7647	1,7045	1,4865	1,3480	1,4472	1,6523	1,4724	1,5534	1,3713	3,2725	2,7376	1,6390	1,4804	2,5454	1,8155
1,75	1,3256	3,6599	4,3478	1,5314	5,0815	1,6194	1,4786	1,5052	5,9769	1,6402	1,4867	1,5403	1,3571	1,6700	1,5178	1,9625	2,0166	1,4593	1,6322	1,6252	1,8492
1,8	1,3358	1,6199	1,4035	2,1985	2,6635	1,5510	1,4793	1,6337	1,5435	4,3052	2,3956	1,5822	2,1337	1,4862	1,4294	1,5319	2,7231	1,5054	1,5299	9,0139	1,5557
1,85	1,8270	1,4950	5,5998	8,4027	2,0390	1,5321	1,4844	1,4977	2,6785	1,6328	1,6971	2,4552	1,6746	6,2792	1,5294	5,3365	2,7005	1,5259	1,4828	1,6041	1,5887
1,9	1,8935	1,6600	1,7105	1,4934	6,4492	1,6420	7,3737	1,4414	2,9955	1,4344	1,5498	1,7060	1,9856	1,4961	1,8393	1,5560	3,0124	1,3990	7,7054	1,5590	1,8505
1,95	1,5733	1,5080	1,9681	1,9174	1,4517	1,6492	8,2351	1,4491	1,4640	1,8482	1,3987	1,8848	1,5670	1,8529	1,8828	5,2014	3,2229	1,6286	1,7463	1,4789	1,6290
2	1,7487	1,4310	3,0899	1,8554	1,5064	1,8153	2,6399	5,6568	6,4254	1,5598	1,5462	2,0035	1,6865	1,4744	1,4249	1,3986	1,9424	1,9108	2,5461	1,6378	1,8433

Anhang 5: Parameterqualität bei Z_3 nach neuer Intervalleinteilung

w = 0

	WPBS																				
WGBS	1	1,05	1,1	1,15	1,2	1,25	1,3	1,35	1,4	1,45	1,5	1,55	1,6	1,65	1,7	1,75	1,8	1,85	1,9	1,95	2
1	13,5276	14,5565	14,1852	18,6341	19,1848	19,8551	18,6827	19,4935	20,7309	21,3246	21,0881	20,9505	21,6804	20,2030	21,8101	21,2437	20,8138	21,0673	22,8343	20,3550	21,6589
1,05	12,1279	12,7648	15,9957	18,8789	17,8739	19,3825	19,4348	21,5508	20,8385	19,8199	22,5863	20,0414	21,4225	19,9760	21,1671	22,3130	21,1340	21,0167	21,8306	21,7718	21,0546
1,1	10,8194	13,5532	14,5167	20,8231	17,9175	20,3446	19,8660	18,6502	20,3423	21,1195	20,3277	21,9149	20,9877	21,7757	22,5116	22,3219	22,9808	21,9102	22,9132	22,2294	23,3326
1,15	14,8468	13,3318	19,1845	16,9943	17,7559	19,6856	19,8373	22,2105	21,0269	22,6941	21,5317	22,2204	21,7030	21,5020	21,9432	21,2392	21,7268	23,2254	22,7710	23,4533	21,3399
1,2	12,4387	13,7853	16,7246	20,0381	19,7212	20,0250	21,9142	20,2321	22,0735	21,2145	22,6399	21,1002	22,6266	23,4731	22,2254	24,3470	22,0925	21,4350	21,4707	22,9021	23,8043
1,25	13,9490	17,3442	17,6300	17,2593	18,8060	20,4726	19,9330	20,1420	22,5131	22,4670	22,3052	22,8869	23,2074	22,5457	23,1991	23,5130	22,6656	22,8010	23,2379	22,1348	22,9256
1,3	19,0291	15,9950	18,3588	20,8037	19,9860	22,3202	22,9993	21,9854	21,3919	21,8501	21,4195	21,9306	22,1602	24,9466	22,1453	23,7580	22,8377	22,3329	22,7938	24,6776	23,4655
1,35	16,0223	18,4158	21,0678	20,1298	22,5302	22,3372	20,4839	21,6940	24,3830	22,5115	24,6917	21,9975	23,1108	22,0443	23,4923	22,5041	23,5170	23,8300	23,6792	23,5903	22,9999
1,4	16,5596	20,5207	18,4256	21,1334	21,3403	24,0551	21,5134	23,0491	24,8089	24,1618	23,2703	23,3953	22,9521	22,4293	24,8300	22,4940	24,5668	24,3766	23,4053	24,3798	24,1330
1,45	19,5202	18,8683	20,2788	21,5077	22,5216	23,4933	23,2334	21,3715	22,9110	23,9074	22,5635	23,9097	24,3286	25,0169	24,0649	24,8548	24,3174	25,4018	23,1391	24,8960	25,0689
1,5	18,4536	22,2220	21,0330	22,5251	23,4984	22,3241	23,8322	21,5777	24,2981	24,3582	24,7515	24,2385	23,6779	24,8939	24,2430	25,3705	24,6291	25,0681	25,2244	24,4422	25,1346
1,55	18,0421	21,0263	24,6098	22,9242	23,6700	22,4673	21,6566	24,7341	23,5869	24,2039	24,6083	23,2174	24,6502	25,5019	25,0795	24,5201	25,3497	25,5743	24,5606	25,0423	24,9979
1,6	19,4307	19,7235	22,5156	22,9278	23,6411	23,9488	24,8548	24,0748	24,3811	24,0193	24,0444	24,4587	24,9992	25,0036	25,7340	24,7144	25,2322	24,4917	25,5841	25,3212	24,8035
1,65	20,4287	22,2516	25,0637	24,7318	24,2231	23,2766	24,7511	25,2664	24,3400	25,0360	24,9709	25,0796	25,6348	25,0477	25,3876	24,9889	25,5683	25,4318	23,9176	24,9712	25,7384
1,7	20,6310	22,9226	23,4903	25,2584	24,2735	24,0389	24,2125	25,6086	25,5868	24,3739	25,4912	24,9943	25,5160	25,3955	24,7636	25,0772	25,5480	25,6070	25,5071	25,4020	25,6174
1,75	21,2277	25,3289	23,1051	24,8314	25,2540	24,8482	25,3655	25,1759	24,5438	25,4527	25,4775	25,6410	24,6328	24,3016	25,2237	24,7211	25,9178	25,7160	25,8367	25,5634	25,4725
1,8	23,7554	25,2817	25,5925	24,6409	24,6546	25,0000	25,8915	25,4389	25,9567	25,3349	25,7012	25,3578	25,4963	25,8213	26,2744	25,7368	26,0269	25,7508	25,2526	26,0413	25,2608
1,85	24,0439	22,9988	24,9228	25,4538	25,0528	24,3192	25,7104	25,3125	25,3719	25,7305	25,6790	26,1591	25,7461	25,7057	25,3440	25,6640	26,0700	25,7445	25,9757	25,5616	25,7945
1,9	23,3035	25,6191	25,6669	24,6077	25,6729	25,7602	26,2318	26,1787	25,5407	25,5596	25,8641	26,2370	26,0202	26,0964	25,9313	26,4017	26,1691	26,2798	25,8914	26,2198	26,1350
1,95	24,1705	25,7917	25,0499	25,8618	25,9034	26,1128	25,8365	25,9825	26,2682	26,4360	25,7179	26,3234	25,7030	26,0000	25,7977	26,1244	25,9574	26,3004	25,7000	26,1339	26,2044
2	24,1190	25,2113	25,1783	23,9633	25,4220	25,9340	25,7731	26,4132	26,2217	26,2819	26,1573	26,1906	26,3726	26,2212	26,3060	26,2750	25,2168	26,0523	25,3074	26,2482	25,8561

w = 0,1

	WPBS																				
WGBS	1	1,05	1,1	1,15	1,2	1,25	1,3	1,35	1,4	1,45	1,5	1,55	1,6	1,65	1,7	1,75	1,8	1,85	1,9	1,95	2
1	17,6408	16,6397	18,9456	18,3772	18,8688	20,2663	21,6261	21,4616	22,5334	22,6703	24,2226	22,8974	23,2588	21,0442	23,3922	22,2799	22,5255	22,4492	23,5058	23,0367	24,7442
1,05	15,7867	17,1504	18,4410	19,9730	20,4978	22,3036	22,2381	21,6947	22,2690	22,2576	22,5076	22,8898	22,5336	22,6153	23,2199	22,4610	24,5421	21,0264	24,1990	23,3728	23,0405
1,1	17,6520	19,5839	21,4648	18,0563	20,9762	21,4338	20,5156	23,2678	22,5591	22,7146	21,7816	22,2779	23,9801	22,0104	23,2644	23,0515	23,4210	22,2021	23,0867	23,5004	24,1871
1,15	19,1218	19,9113	19,0793	20,4088	20,8022	21,0411	20,8529	21,6040	23,1216	22,2387	22,6297	24,1647	22,0183	23,1756	22,9936	22,9984	22,3043	21,9128	25,2419	24,1978	23,7376
1,2	18,1005	20,9026	20,2917	21,5013	22,2467	22,3497	22,2520	22,4608	23,7507	22,6174	22,9695	23,4431	22,2221	24,2241	23,8488	24,3876	25,1794	23,4098	24,6384	25,6751	24,9781
1,25	18,4715	21,5297	20,4047	21,9914	20,8481	21,3004	22,5280	21,3678	23,9699	23,1200	23,1772	22,3412	24,2281	24,8748	25,0007	25,2896	22,7421	25,4585	24,0723	22,6864	24,8236
1,3	19,6302	22,6199	20,1119	21,0234	22,7767	22,3299	23,1598	24,6061	23,7212	22,6676	22,8950	24,1063	23,7392	23,7460	24,4396	25,5722	23,6663	23,9540	24,1433	24,6287	24,0114
1,35	22,7378	19,7245	21,1460	21,0167	21,5419	23,1443	22,2557	23,9491	23,3202	23,1794	24,9909	24,4782	22,5184	24,2077	24,4660	24,5591	23,4826	25,1378	23,8953	23,6161	25,5977
1,4	20,1072	20,6162	20,4897	23,3528	24,2290	24,1111	24,0103	24,3254	21,8359	24,3188	24,1172	24,5876	24,4743	24,4764	24,7623	24,4323	24,7164	24,9261	24,8675	24,9893	24,6812
1,45	21,8039	22,6785	22,6630	24,1000	23,1189	21,8959	22,6206	24,8955	25,4940	25,0113	23,1427	24,4448	25,9629	22,8714	23,4971	25,0169	24,9999	24,5167	25,6334	25,2233	24,9659
1,5	22,1326	20,7325	21,9709	23,9642	24,3684	24,1673	24,3488	24,9734	25,0510	25,3434	23,5812	25,4562	25,4751	24,8544	24,4826	25,3553	25,0336	25,1568	25,6024	25,6277	25,1062
1,55	21,1818	20,3989	25,1191	24,5311	25,0841	23,7326	25,5908	25,0442	25,2762	24,9276	24,8132	24,8815	24,9911	25,9058	24,6569	24,9132	26,0259	25,3939	25,2153	25,0488	26,0324
1,6	23,9044	25,0866	22,5760	24,5684	23,7323	24,0948	25,1852	26,0246	25,0298	25,6897	26,0265	25,3128	25,6057	25,4221	25,7917	25,6155	25,5853	25,2021	25,1350	25,8222	25,2006
1,65	24,1851	24,0907	24,6344	25,2272	25,0554	24,4223	25,6531	24,9728	25,5329	24,6515	25,0099	26,2195	25,3454	25,7857	25,6037	25,4935	25,6399	25,8421	26,2263	25,2985	25,8174
1,7	25,6342	24,2498	25,0333	25,3002	23,9742	25,0871	25,6926	24,9251	25,3973	24,9281	26,2965	25,9779	25,6617	25,2420	25,4637	26,1649	25,2198	25,5361	26,1718	25,9085	26,0410
1,75	25,5697	23,8609	24,9913	26,0482	26,0450	25,6589	24,9687	25,2513	24,9136	25,5686	26,1732	25,5259	25,8470	25,5407	25,9919	25,8115	26,2808	26,1970	26,0705	25,6215	26,1323
1,8	25,9204	24,9627	25,3718	25,3515	25,1178	25,6412	26,3239	25,8648	26,2061	26,0196	26,0600	26,2213	25,9200	25,9646	26,0832	26,2220	26,0913	26,1871	26,0483	26,2125	25,5519
1,85	25,4926	25,8377	25,3669	26,2560	25,7134	25,7391	26,1422	26,0089	25,8051	26,1782	26,2464	26,0778	26,2525	26,0022	25,8340	26,1513	25,8844	25,7397	26,3896	25,9877	26,0716
1,9	25,4152	25,6358	25,4975	26,3035	26,2644	25,5775	25,6018	26,1303	26,0479	26,2804	26,2309	26,2282	25,9572	26,5292	26,3184	26,0092	26,2435	25,9414	26,2364	26,2142	26,3749
1,95	26,2199	26,3161	25,6794	26,1673	26,3015	26,0683	26,0495	26,0587	26,2029	26,0163	26,2206	26,3541	26,3490	26,2902	26,3755	25,5931	26,2843	26,2721	26,4356	26,4241	25,8412
2	25,9956	26,0078	26,2482	26,1482	26,3495	26,2947	25,8188	26,3006	26,0139	26,3508	26,3779	26,3810	26,3745	26,0634	26,3762	26,3364	26,4170	26,3231	26,4181	26,4045	26,3676

w = 0,2

WGBS \ WPBS	1	1,05	1,1	1,15	1,2	1,25	1,3	1,35	1,4	1,45	1,5	1,55	1,6	1,65	1,7	1,75	1,8	1,85	1,9	1,95	
1	20,2531	20,0191	20,5675	24,1630	22,5416	23,4719	21,9620	23,5808	23,1034	22,7733	23,5070	23,6787	24,2617	25,3837	25,3909	24,4082	23,9154	23,5580	24,9780	23,8257	24,15
1,05	19,1227	21,3674	20,8770	24,2606	22,8781	21,4791	22,2604	21,6901	23,4243	24,3503	23,5112	24,0663	24,7048	23,9836	24,2118	23,7830	25,2905	23,9472	24,2133	24,3370	24,80
1,1	20,9582	22,5860	19,7240	24,0682	23,4110	23,0649	23,1315	23,9960	24,5022	24,9601	24,5083	24,6861	23,6674	24,2273	23,5460	24,2002	24,5350	25,2276	23,5198	25,4639	25,07
1,15	21,1833	22,6284	22,5801	23,1131	24,1872	25,3938	23,1040	23,9621	24,8545	23,6516	24,9809	24,4505	24,6755	24,8045	23,7132	25,0129	24,7643	24,9301	24,5703	25,8399	24,33
1,2	20,6880	21,4172	24,1885	23,3584	23,4402	23,7221	22,5999	22,4978	22,9716	24,9300	24,2483	24,9985	24,8721	25,4262	25,3819	24,9279	26,3253	24,7656	25,8304	25,4562	25,30
1,25	21,5475	24,0771	23,2057	22,5328	22,9588	23,8430	25,0316	23,5121	24,8741	24,5405	23,2351	24,8042	24,4589	25,1312	24,8096	25,5757	25,0967	24,8323	25,6200	25,9646	24,82
1,3	23,2881	23,5225	23,0256	24,9850	24,7866	23,8340	24,9487	24,2044	25,1900	24,5292	25,5137	25,0022	25,6609	25,7599	25,5462	25,5586	25,2570	25,2588	26,1884	25,1399	25,47
1,35	24,0380	24,7159	24,5043	24,6411	24,9363	25,9235	25,1051	25,7479	25,3828	25,7986	25,1988	25,5080	25,5086	25,0066	25,2211	24,7155	24,8835	25,7516	25,7694	25,8610	24,65
1,4	25,2084	22,1317	23,1429	25,3774	23,9347	25,1398	24,8588	24,8864	25,2904	25,4649	25,0566	24,9397	25,5854	25,3073	25,3315	26,3788	25,9570	25,8704	25,8896	26,1267	24,96
1,45	25,3796	24,0253	25,5161	23,9130	24,1792	24,6487	25,7281	25,3926	25,4729	25,5005	25,1515	25,6797	26,0990	25,4172	25,8742	25,2530	25,9559	26,0350	25,8194	26,0515	25,69
1,5	24,4434	25,4322	25,6131	24,9427	26,0751	26,1000	25,9389	25,1451	25,9841	25,5069	25,9469	24,9559	26,0329	25,4841	26,0723	26,1027	26,3294	25,8895	26,1559	25,7521	26,19
1,55	25,3997	25,5678	25,6322	25,5369	24,6052	25,8766	26,0665	25,3642	25,1399	26,1418	26,2570	26,1343	26,0643	26,0294	26,3076	25,4310	25,8830	26,5443	25,8174	25,4682	25,89
1,6	24,4119	26,1990	25,5549	24,5684	26,1329	24,3346	26,2091	25,8959	25,6652	26,3797	25,8614	25,7859	26,1765	26,1095	26,3491	26,3204	26,3196	25,9311	26,3308	25,9981	25,56
1,65	24,9886	26,2184	25,8850	25,1492	25,7772	26,3011	26,0924	26,0578	25,3188	26,1319	25,4642	26,1055	26,2796	26,2993	25,8822	26,2771	26,2299	25,8168	25,7205	26,3980	26,18
1,7	25,2146	26,3085	26,1434	26,5137	26,1905	26,4826	26,3695	26,1004	25,8929	26,2238	25,3927	26,2561	25,9124	26,0761	26,4343	26,3810	25,9561	26,4476	26,0749	26,0047	26,46
1,75	25,6503	25,6620	25,5790	26,0857	25,9274	25,9893	25,7752	26,1768	26,4675	26,1497	26,3063	26,0961	26,3635	26,1178	26,5197	26,4865	26,3770	26,2968	26,3467	26,3591	25,89
1,8	25,2883	25,5644	25,6045	26,1551	26,3659	26,3897	26,2250	26,5207	26,4356	26,3053	26,1874	26,4305	25,9113	26,2175	25,8802	26,4564	26,4165	26,3282	26,4008	26,3259	26,00
1,85	26,3812	26,2600	26,2943	26,2496	26,3959	26,5328	26,4408	26,0838	26,3656	26,3695	26,2984	26,3632	26,4763	26,4798	26,5278	26,2826	26,4450	26,4317	26,4308	26,2750	26,49
1,9	26,2757	26,3494	26,5167	25,7696	26,4283	26,4624	26,4350	26,3839	26,5245	26,3913	26,4814	26,3033	26,3512	26,2822	26,4372	26,4616	26,1537	26,4850	26,2714	26,5150	26,53
1,95	26,3730	26,4840	26,2895	26,4712	26,4242	26,3261	26,4873	26,3761	26,3501	26,4336	26,5116	26,3183	26,3608	26,5517	26,5069	26,3868	26,5323	26,3817	26,4889	26,4639	26,35
2	26,3758	26,0228	26,4244	26,5189	26,5608	26,0888	26,5508	26,5493	26,5059	26,3765	26,4197	26,5709	26,5364	26,3597	26,4737	26,4214	26,5410	26,4868	26,3534	26,5002	26,50

w = 0,3

WGBS \ WPBS	1	1,05	1,1	1,15	1,2	1,25	1,3	1,35	1,4	1,45	1,5	1,55	1,6	1,65	1,7	1,75	1,8	1,85	1,9	1,95	2
1	24,0972	24,5883	25,0261	24,0300	25,7852	24,4321	24,8971	25,4535	24,6058	24,4445	25,4552	24,3330	25,3108	25,5705	24,8703	25,4557	25,7336	25,5201	25,1625	25,2896	25,6206
1,05	25,0587	24,8601	23,8778	24,6688	24,4650	24,9113	24,2247	25,5910	25,1449	24,2776	25,0482	26,0895	24,7064	25,4504	25,8363	25,5085	25,9463	25,8406	25,9996	26,2280	25,6512
1,1	24,6153	24,0205	25,4539	25,0017	25,4709	25,4384	24,5665	24,3326	23,5955	24,4642	25,7705	25,4423	25,3804	25,4207	25,6466	26,1248	25,5293	25,6780	25,2002	25,8923	25,9467
1,15	24,8465	25,0669	26,1231	25,0866	26,2163	25,3931	25,4383	25,5498	26,0265	25,9587	25,5971	25,1025	25,4084	25,3452	25,2176	26,1130	25,8124	25,9040	25,7641	25,8943	25,3370
1,2	25,0697	25,5985	24,7224	25,2690	25,2444	26,2534	25,4883	25,9737	25,6708	26,1763	25,5348	25,9321	25,0094	26,3474	26,3143	25,6256	26,2129	25,6166	26,1855	25,9454	25,9872
1,25	24,5955	25,3785	25,5970	25,7148	25,2482	26,0023	26,2452	25,9036	26,1674	25,6258	26,0950	25,3592	25,6356	25,9506	26,4018	25,8728	25,8736	25,5583	26,1818	26,0448	26,3849
1,3	25,3205	25,6034	25,4689	25,9736	25,5758	25,5620	25,8419	26,0129	26,1035	26,1621	26,2627	26,4077	25,9905	26,3285	26,3277	26,1371	26,4909	25,9860	26,1720	25,9878	26,3669
1,35	25,4858	25,3539	25,6027	25,7687	25,9313	25,6838	25,5330	26,2545	26,4631	26,1625	26,3922	26,2457	26,3543	26,0215	26,0324	26,3799	26,1018	25,9946	26,3188	26,3371	26,1153
1,4	25,3819	25,8301	25,8246	25,5482	26,2091	25,4095	26,2555	25,9908	26,0437	26,2905	26,3274	26,3209	26,4359	25,7678	26,4728	26,3652	26,3768	26,3983	26,1702	26,3051	26,3759
1,45	25,8345	26,1480	25,1680	25,9394	26,3390	26,0148	26,2202	26,3295	26,4185	26,4060	26,4786	26,4348	26,2458	25,8243	26,0700	26,3538	26,4110	26,5529	26,3912	26,2707	26,3763
1,5	26,3079	26,1293	26,4029	26,4247	26,0438	26,0150	26,3013	26,0055	26,3650	26,3051	26,2997	25,9101	26,4157	26,2570	26,4880	26,3798	25,9303	26,4400	26,5638	26,4355	26,3848
1,55	26,3382	26,4687	26,4117	26,0027	26,3896	26,4488	26,2572	26,3103	26,5099	26,5025	26,3736	26,0196	26,1443	26,5517	26,3748	26,4965	26,3394	26,1383	26,4851	26,4069	26,4381
1,6	26,4829	26,2636	26,3172	26,3998	26,4098	26,3616	26,3605	26,6130	26,0233	26,4381	26,3726	26,3693	26,4015	26,3431	26,3880	26,3764	26,4887	26,3689	26,4685	26,4887	26,2414
1,65	26,3420	26,3954	26,3979	26,1867	26,2481	26,4929	26,5363	26,4750	26,4327	26,3436	26,3621	26,4784	26,3589	26,5873	26,3868	26,4486	26,4730	26,5268	26,5696	26,4636	26,3970
1,7	26,2659	26,4806	26,5146	26,4809	26,4311	26,5905	26,3978	26,4856	26,5001	26,4791	26,4553	26,5817	26,2430	26,5110	26,4057	26,5857	26,5655	26,4310	26,3570	26,4768	26,3698
1,75	26,5068	26,5008	26,5256	26,4800	26,2923	26,5311	26,5607	26,5036	26,4334	26,3803	26,4089	26,5214	26,2096	26,4607	26,4575	26,6204	26,3910	26,5059	26,3878	26,2850	26,4434
1,8	26,4764	26,4537	26,3990	26,5594	26,4953	26,4835	26,5790	26,4431	26,4912	26,5663	26,4828	26,5556	26,2120	26,5343	26,4866	26,5257	26,5639	26,4972	26,5871	26,4295	26,4008
1,85	26,5421	26,4010	26,4825	26,3858	26,4636	26,4906	26,3831	26,6059	26,5776	26,5175	26,5434	26,5281	26,4923	26,5652	26,5988	26,6174	26,5936	26,4699	26,6333	26,4856	26,5106
1,9	26,5512	26,5903	26,5096	26,3525	26,5133	26,4982	26,5843	26,5034	26,6021	26,5014	26,5944	26,5802	26,5586	26,5892	26,5179	26,4871	26,5531	26,5109	26,6316	26,4922	26,6254
1,95	26,2491	26,4977	26,5612	26,5188	26,5021	26,3896	26,5648	26,6025	26,5442	26,5728	26,5943	26,5578	26,5730	26,5323	26,5972	26,6316	26,6185	26,5552	26,5775	26,6620	26,5380
2	26,5507	26,5887	26,5220	26,5624	26,6112	26,5672	26,5792	26,5744	26,5371	26,5610	26,6583	26,5386	26,5633	26,4986	26,5591	26,5910	26,4969	26,5511	26,5708	26,5764	26,5828

w = 0,4

WGBS \ WPBS	1	1,05	1,1	1,15	1,2	1,25	1,3	1,35	1,4	1,45	1,5	1,55	1,6	1,65	1,7	1,75	1,8	1,85	1,9	1,95	2
1	25,3901	26,3334	25,6945	25,9927	26,2696	25,3407	25,4765	25,9934	26,1153	26,0804	25,8638	26,0803	25,8487	26,1900	25,9437	26,1825	26,3328	26,4684	26,2247	26,2843	26,3416
1,05	25,7542	26,1961	26,3241	26,0808	25,2376	26,0252	26,5772	26,2041	26,4863	26,4183	26,4457	26,2821	25,7683	26,3296	26,3068	26,0600	26,1563	26,3260	26,3128	26,4593	26,3941
1,1	26,1982	26,2479	25,8755	26,1435	26,4085	26,0408	25,8155	26,4281	26,2593	25,8512	26,5716	26,2939	26,3722	26,3608	26,4327	26,3388	26,3361	26,2027	26,5697	26,3022	26,4111
1,15	26,4314	26,2905	25,9848	25,9711	26,2459	26,3800	26,0644	26,3870	26,4369	26,4603	26,4159	26,1246	26,4258	26,5151	26,0681	26,3788	26,4438	26,1247	26,3143	26,4040	26,4039
1,2	26,1393	26,5231	26,4236	26,5019	26,4770	26,3876	26,4302	26,3145	26,2189	26,4423	26,2490	26,5086	26,0960	26,3204	26,2850	26,4766	26,4301	25,9718	26,4434	26,3934	26,4009
1,25	26,4564	26,5001	26,2308	26,3588	26,3217	26,4045	26,3151	26,3311	26,4068	26,4875	26,1597	26,3615	26,3856	26,3607	26,5031	26,2255	26,2896	26,0538	26,3085	26,3901	26,1603
1,3	26,4333	26,3255	26,4975	26,4309	26,3932	26,3270	26,4383	26,3474	26,3506	26,4759	26,4860	26,2808	26,5246	26,6176	26,3916	26,5590	26,4106	26,1598	26,2083	26,4561	26,4295
1,35	26,4632	26,5417	26,5543	26,4188	26,5125	26,4995	26,4432	26,2896	26,5361	26,3909	26,5561	26,4381	26,4774	26,4907	26,4817	26,4092	26,3684	26,2064	26,4429	26,5845	26,3825
1,4	26,2391	26,5285	26,4711	26,1714	26,4544	26,3651	26,4356	26,1217	26,4126	26,5622	26,4009	26,5641	26,4959	26,3200	26,4730	26,5611	26,4841	26,6199	26,3766	26,3960	26,5350
1,45	26,4390	26,3862	26,5795	26,6108	26,5103	26,5305	26,5849	26,5043	26,5434	26,4779	26,6229	26,4812	26,4620	26,5904	26,4954	26,4594	26,5746	26,5069	26,5573	26,5131	26,6237
1,5	26,5341	26,4860	26,4481	26,5839	26,6268	26,5741	26,5655	26,6042	26,5913	26,6305	26,5653	26,5390	26,3780	26,6211	26,5057	26,5020	26,5954	26,5027	26,5137	26,5171	26,4547
1,55	26,5241	26,5131	26,5420	26,5328	26,3381	26,5796	26,5277	26,6354	26,5477	26,5716	26,5219	26,3890	26,4517	26,4564	26,5227	26,5504	26,5356	26,2844	26,6088	26,5668	26,5659
1,6	26,4733	26,5126	26,6071	26,5863	26,5430	26,5657	26,5964	26,6144	26,6030	26,5960	26,6195	26,5827	26,5229	26,5023	26,4838	26,5216	26,5808	26,5772	26,6031	26,5845	26,6126
1,65	26,5294	26,5567	26,5547	26,5098	26,5617	26,5558	26,5552	26,5796	26,5892	26,5387	26,4863	26,4501	26,5135	26,4454	26,6247	26,5399	26,5594	26,5585	26,6467	26,6387	26,5248
1,7	26,5748	26,5239	26,6282	26,5352	26,6277	26,3472	26,5782	26,5459	26,5520	26,5668	26,6147	26,4749	26,6038	26,6446	26,5517	26,5642	26,5522	26,6134	26,5575	26,5934	26,5836
1,75	26,4857	26,4788	26,6563	26,5888	26,3378	26,4963	26,5978	26,4830	26,6064	26,6235	26,4158	26,6128	26,6134	26,4911	26,6214	26,5122	26,4983	26,5845	26,5692	26,5757	26,5504
1,8	26,5622	26,5367	26,5547	26,5094	26,5995	26,5441	26,5641	26,6353	26,6224	26,5973	26,6694	26,5800	26,6593	26,6143	26,6144	26,6582	26,5831	26,6001	26,6611	26,6107	26,6677
1,85	26,6077	26,6420	26,6369	26,6327	26,5704	26,5583	26,6017	26,6399	26,6147	26,6647	26,5800	26,5816	26,5837	26,5972	26,6638	26,5167	26,4784	26,5851	26,6653	26,6450	26,6524
1,9	26,6165	26,6340	26,6607	26,6348	26,6336	26,6272	26,6157	26,6352	26,6693	26,6390	26,6698	26,6664	26,6120	26,6453	26,6679	26,6319	26,6603	26,6251	26,6046	26,5417	26,6237
1,95	26,6589	26,6421	26,6042	26,6126	26,6235	26,5525	26,6656	26,5953	26,6550	26,6253	26,5832	26,6089	26,6547	26,6456	26,6251	26,6700	26,6275	26,5544	26,6100	26,6244	26,6485
2	26,6531	26,6700	26,6622	26,6179	26,6210	26,6050	26,6077	26,6497	26,6011	26,6681	26,6701	26,6698	26,6405	26,6695	26,6210	26,6279	26,6698	26,5819	26,6670	26,6685	26,6645

w = 0,5

WGBS \ WPBS	1	1,05	1,1	1,15	1,2	1,25	1,3	1,35	1,4	1,45	1,5	1,55	1,6	1,65	1,7	1,75	1,8	1,85	1,9	1,95	2
1	26,4932	26,5445	26,1488	26,2108	26,5318	26,4934	26,4970	26,3491	26,4388	26,5249	26,5349	26,6040	26,4376	26,5166	26,3731	26,5958	26,5179	26,5113	26,3229	26,4470	26,2183
1,05	26,5313	26,5422	26,5659	26,4605	26,5988	26,5487	26,4692	26,5196	26,5269	26,5189	26,4951	26,5102	26,3068	26,5579	26,5283	26,4270	26,4912	26,3622	26,4954	26,4308	26,4898
1,1	26,4467	26,4595	26,5395	26,5053	26,4511	26,3956	26,5123	26,5093	26,5320	26,5602	26,4235	26,6029	26,4253	26,5410	26,4727	26,5216	26,4989	26,4428	26,4154	26,6029	26,5383
1,15	26,5324	26,5628	26,5725	26,3096	26,3413	26,6445	26,6116	26,3413	26,4520	26,5094	26,4435	26,5626	26,5144	26,6216	26,4810	26,2557	26,5622	26,5784	26,5630	26,5134	26,4004
1,2	26,5750	26,3981	26,4813	26,5193	26,4778	26,3872	26,5827	26,4781	26,4710	26,5174	26,6091	26,6673	26,4988	26,4157	26,5914	26,6543	26,6013	26,5015	26,5047	26,5755	26,4848
1,25	26,4742	26,5395	26,6353	26,5428	26,5700	26,5423	26,5339	26,5647	26,5883	26,4155	26,4890	26,3741	26,6232	26,5039	26,6098	26,4885	26,6441	26,5707	26,5997	26,6041	26,5293
1,3	26,4612	26,6447	26,5316	26,5543	26,5221	26,6261	26,6361	26,5511	26,6058	26,6461	26,6321	26,6604	26,5227	26,4299	26,6002	26,4922	26,4501	26,5236	26,6058	26,3964	26,5311
1,35	26,5317	26,5837	26,5781	26,5049	26,5580	26,5567	26,6400	26,5942	26,5737	26,5215	26,5554	26,5693	26,5867	26,5260	26,5758	26,6602	26,5974	26,5550	26,5795	26,6118	26,5489
1,4	26,5585	26,6069	26,6660	26,5831	26,6202	26,6165	26,6222	26,5237	26,6221	26,5964	26,5626	26,6175	26,5843	26,5989	26,4582	26,6640	26,5391	26,3705	26,6111	26,5093	26,6106
1,45	26,6699	26,6326	26,5661	26,3676	26,4655	26,6104	26,6203	26,6188	26,5947	26,6692	26,5081	26,5483	26,6378	26,6347	26,5238	26,6682	26,5964	26,5902	26,6425	26,6185	26,5218
1,5	26,6128	26,5295	26,5981	26,6173	26,5861	26,4947	26,6304	26,5916	26,5990	26,6692	26,5965	26,6287	26,6006	26,6312	26,5432	26,6415	26,5203	26,6109	26,6284	26,6545	26,5026
1,55	26,6033	26,6461	26,6111	26,5983	26,5884	26,6176	26,6554	26,5455	26,6293	26,6695	26,6121	26,6635	26,5971	26,6058	26,5531	26,6173	26,6089	26,6095	26,3404	26,6087	26,6226
1,6	26,5856	26,6052	26,6287	26,6688	26,6701	26,5801	26,5783	26,6676	26,6648	26,6600	26,6312	26,5476	26,5804	26,6167	26,5490	26,1338	26,6688	26,5430	26,6698	26,6276	26,5493
1,65	26,6465	26,6108	26,5406	26,5787	26,5378	26,5677	26,6345	26,5886	26,6006	26,6163	26,4986	26,6687	26,6613	26,6235	26,6687	26,6176	26,5955	26,6108	26,6675	26,6671	26,5924
1,7	26,6350	26,6164	26,6448	26,6252	26,6659	26,5948	26,5818	26,6646	26,6063	26,6690	26,6478	26,6504	26,5596	26,6700	26,6245	26,4978	26,6046	26,4893	26,6499	26,5162	26,5172
1,75	26,6701	26,5989	26,6700	26,6694	26,5307	26,6263	26,6458	26,6310	26,5585	26,6125	26,6620	26,6649	26,5660	26,4518	26,5849	26,6689	26,6216	26,5191	26,6155	26,5531	26,0319
1,8	26,6701	26,6695	26,6697	26,5850	26,6085	26,6140	26,6368	26,6688	26,6701	26,6064	26,6483	26,6653	26,6584	26,6172	26,5588	26,5441	26,5871	26,5684	26,5891	26,4784	26,6375
1,85	26,6699	26,6700	26,6700	26,6278	26,6061	26,6071	26,6206	26,6701	26,6671	26,6615	26,6414	26,5868	26,6275	26,6364	26,5701	26,6147	26,5570	26,6123	26,6085	26,4625	26,6258
1,9	26,5661	26,6092	26,6699	26,6624	26,5244	26,6162	26,5504	26,6221	26,6696	26,6280	26,5935	26,5947	26,6660	26,6221	26,5748	26,6069	26,5699	26,5575	26,0904	26,6603	26,5898
1,95	26,6701	26,6689	26,5438	26,6239	26,6481	26,5531	26,6311	26,6690	26,6698	26,6651	26,6701	26,6540	26,5789	26,6263	26,6157	26,6697	26,4985	26,5804	26,5318	26,6533	26,6191
2	26,6696	26,6701	26,6695	26,6689	26,6128	26,6700	26,6280	26,6274	26,6155	26,5306	26,6701	26,6690	26,6118	26,4577	26,3767	26,6474	26,5461	26,5778	26,6175	26,4829	26,4661

w = 0,6

WGBS \ WPBS	1	1,05	1,1	1,15	1,2	1,25	1,3	1,35	1,4	1,45	1,5	1,55	1,6	1,65	1,7	1,75	1,8	1,85	1,9	1,95	
1	26,5626	26,6070	26,4876	26,5437	26,6072	26,4834	26,5188	26,6123	26,6551	26,4819	26,5944	26,6646	26,5748	26,5360	26,6522	26,5742	26,5542	26,6051	26,5624	26,5848	26,44
1,05	26,5351	26,5810	26,5539	26,5687	26,6651	26,5477	26,6421	26,5700	26,5520	26,5920	26,3908	26,4952	26,5270	26,6288	26,6665	26,6100	26,5904	26,4766	26,5279	26,4613	26,42
1,1	26,6550	26,5809	26,5317	26,6402	26,6518	26,6126	26,5626	26,6205	26,5500	26,6258	26,4972	26,4344	26,5297	26,6355	26,5917	26,6269	26,2559	26,3598	26,5675	26,5010	26,46
1,15	26,4638	26,5614	26,5252	26,5467	26,4795	26,4888	26,4071	26,5382	26,6554	26,5297	26,5890	26,6653	26,5790	26,6610	26,6028	26,5381	26,0417	26,4643	26,5414	26,2476	26,45
1,2	26,5355	26,6218	26,5981	26,5169	26,5502	26,4632	26,5847	26,6166	26,5558	26,6184	26,5933	26,5709	26,5521	26,5718	26,4464	26,5342	26,6347	26,6040	26,4023	26,4749	26,54
1,25	26,5931	26,6333	26,5185	26,6119	26,5846	26,5566	26,6377	26,6024	26,5591	26,5260	26,6387	26,3517	26,5978	26,1791	26,5420	26,5516	26,5372	26,4589	26,5827	26,4311	26,38
1,3	26,6493	26,2053	26,5506	26,6226	26,5811	26,6429	26,6595	26,6041	26,6382	26,6044	26,4261	26,5479	26,5493	26,6133	26,6324	26,5828	26,6091	26,3285	26,6063	26,5938	26,53
1,35	26,6360	26,5697	26,6476	26,5981	26,4272	26,5362	26,5103	26,6254	26,6338	26,5885	26,2245	26,6386	26,5665	26,6226	26,5417	26,5931	26,4665	26,2533	26,2348	26,5019	26,58
1,4	26,3856	26,5754	26,6199	26,6043	26,4760	26,6655	26,6024	26,5096	26,6215	26,4654	26,4544	26,5099	26,6017	26,5621	26,6631	26,5827	26,5230	26,5925	26,4258	26,5697	26,46
1,45	26,5538	26,6334	26,5450	26,6259	26,4594	26,6367	26,5959	26,4692	26,5636	26,6282	26,6562	26,5106	26,4498	26,5597	26,5424	26,3891	26,3829	26,4773	26,5310	26,4468	26,60
1,5	26,3329	26,5820	26,6084	26,6105	26,6495	26,5037	26,5926	26,5861	26,5710	26,6393	26,6296	26,4886	26,5176	26,6098	26,5064	26,6006	26,6142	26,4771	26,6058	26,6641	26,49
1,55	26,5789	26,6055	26,6542	26,6700	26,3357	26,6593	26,4463	26,6245	26,6264	26,5660	26,5482	26,4631	26,5741	26,4409	26,4193	26,5263	26,3600	26,5969	26,5026	26,4880	26,50
1,6	26,6204	26,2433	26,1275	26,0029	26,5489	26,2434	26,4299	26,4787	26,5717	26,6662	26,5337	26,5717	26,6158	26,4813	26,6110	26,6044	26,5514	26,6115	26,5614	26,5256	26,51
1,65	26,6527	26,6173	26,5954	26,2742	26,6590	26,4994	26,6284	26,5198	26,6624	26,5297	26,5828	26,4894	26,4704	26,5996	26,1093	26,6233	26,5395	26,5879	25,7848	26,6191	26,10
1,7	26,6138	26,5202	26,2685	26,5397	26,4565	26,1892	26,5894	26,5576	26,5438	26,5376	26,3178	26,6048	26,3993	26,6504	26,3624	26,6188	26,5509	26,3913	25,9784	26,4250	26,49
1,75	26,4888	26,6558	26,6693	26,4728	26,4995	26,6616	26,4629	26,6689	26,6140	26,5985	26,6214	26,1034	26,5303	26,3836	26,6164	26,3892	26,2995	26,4030	26,6282	26,3777	26,44
1,8	26,6572	25,8269	26,5366	26,1075	26,6499	26,6160	26,6352	26,5452	26,6394	26,5171	26,6052	26,5256	26,3044	26,2079	26,3360	26,4841	26,2440	26,5173	26,5431	26,5353	26,53
1,85	26,5895	26,5625	26,4210	26,6400	26,5005	26,6594	26,5143	26,6448	26,6619	25,9770	26,6217	26,0401	26,5958	26,5788	26,2135	26,5283	26,5899	25,9843	26,5607	26,1462	26,10
1,9	26,4368	26,5894	26,2796	26,5216	26,6095	26,6147	26,5875	26,5471	26,6286	26,4795	26,4085	26,5423	26,5265	26,6148	25,4719	26,5018	26,5823	26,1568	26,2985	26,6403	26,26
1,95	26,5239	26,3937	26,3038	26,6387	26,6276	26,4728	26,6415	26,3572	26,1661	26,5416	26,5742	26,5902	26,4141	26,5793	26,4581	26,5590	26,5230	25,8970	26,5578	26,4125	26,47
2	26,4409	26,4562	26,4893	26,1913	26,4339	26,3903	26,1466	26,4911	26,4730	26,3642	26,4701	26,4022	26,3395	26,2327	26,1931	26,3820	26,2802	26,3511	26,3723	26,2372	26,51

w = 0,7

WGBS \ WPBS	1	1,05	1,1	1,15	1,2	1,25	1,3	1,35	1,4	1,45	1,5	1,55	1,6	1,65	1,7	1,75	1,8	1,85	1,9	1,95	2
1	26,3348	26,5564	26,5062	26,5422	26,6701	26,5492	26,4950	26,6020	26,5867	26,5487	26,5394	26,4835	26,2808	26,1566	26,4283	26,5477	26,5357	26,0680	26,5482	26,6144	26,6209
1,05	26,5446	26,4789	26,4435	26,3226	26,5954	26,3166	26,5421	26,5158	26,4847	26,2925	26,5932	26,5737	26,4796	26,5732	26,6160	26,5648	26,5393	26,5356	26,3620	26,4636	26,4524
1,1	26,6476	26,5860	26,3560	26,4710	26,5905	26,4987	26,3906	26,5416	26,4058	26,4765	26,5806	26,4204	25,9623	26,5952	26,5414	26,5534	26,4363	26,5664	26,5991	26,5283	26,5097
1,15	26,5490	26,4004	26,4888	26,6306	26,5819	26,5972	26,6327	26,5629	26,5410	26,4840	26,5674	26,4932	26,4962	26,4857	26,4869	26,5745	26,4475	26,5350	26,5252	26,4459	26,4040
1,2	26,5501	26,4972	26,5867	26,6623	26,4775	26,2444	26,1902	26,4947	26,6027	26,4327	25,9742	26,4881	26,3987	26,5550	26,4989	26,5210	26,2644	26,3731	26,4036	26,6062	26,4030
1,25	26,4876	26,4419	26,5691	26,5881	26,4495	26,1462	26,4775	26,3246	25,8491	26,3828	26,5299	26,3352	26,3424	26,2683	26,4963	26,4469	26,6027	26,5040	26,6291	26,1584	26,2110
1,3	26,5107	26,5849	26,4750	26,5589	26,5497	26,5439	26,4689	26,4562	25,4838	26,4323	26,1861	26,6492	26,4159	26,6654	26,4452	26,2466	26,3656	26,4429	26,4993	26,4993	26,4060
1,35	26,5521	25,9928	26,2637	26,5876	26,6106	26,4072	26,4731	26,4822	26,3833	26,3653	26,4645	25,9865	26,4815	26,4728	26,4851	26,4070	25,8587	26,4673	26,0852	26,3946	26,1013
1,4	26,3181	26,1560	26,2333	26,3810	26,3070	26,3985	26,2982	26,3479	26,5094	26,4806	26,3966	26,5573	26,5236	26,1008	26,4808	26,4419	26,3420	25,4727	26,3516	26,2217	26,3345
1,45	25,4108	26,4972	26,3056	26,2927	26,2884	26,1439	26,3816	26,2876	26,3657	26,4743	26,4534	26,3748	26,0333	26,5383	26,0536	24,4933	26,2452	26,5970	25,5285	25,8091	25,6546
1,5	26,0212	26,0730	26,0828	26,4901	26,2345	26,1289	26,5796	26,1274	26,1295	26,3476	26,2363	25,9477	26,0517	26,3556	26,2797	26,3803	26,5515	25,2750	26,1597	26,2185	26,1131
1,55	26,1671	26,1311	26,4427	26,2617	26,4484	26,3216	26,0221	26,4048	25,7187	26,3749	26,2387	25,1099	25,4923	26,1829	26,3655	26,1083	26,0424	26,2175	26,3559	25,8431	26,0839
1,6	25,9200	25,8158	24,5702	25,9958	25,3501	26,2899	25,6672	26,1500	26,3355	26,0097	24,6531	26,2384	25,8254	26,0489	26,3549	25,9978	26,2617	25,7504	25,4206	26,3618	26,2237
1,65	26,1535	26,2010	26,0638	25,1594	26,0688	26,0028	26,3698	26,0659	26,2411	26,4275	26,0418	25,2534	25,1934	25,9724	24,5756	24,9448	26,3273	26,2715	25,8848	25,8527	26,2051
1,7	26,3623	25,3378	25,7712	25,9223	26,3385	26,2691	25,9563	26,1472	25,8808	26,1087	25,8056	25,5870	26,1489	25,9146	26,1677	26,0053	26,1468	25,1518	25,9184	26,0712	25,8879
1,75	25,7906	25,8591	26,1444	26,3617	25,8051	26,1791	25,4569	25,9687	25,5025	26,0642	23,9072	26,3013	25,7810	25,7940	25,7443	24,4989	26,1754	26,1086	26,1506	25,8672	25,6910
1,8	25,4847	25,9511	25,8978	25,9113	25,5901	25,9995	26,2317	26,0511	25,9408	25,7919	25,7295	26,2416	25,0114	25,0644	26,1086	24,8219	25,0177	25,5742	25,9218	25,7257	25,6988
1,85	25,8299	25,7168	26,0293	26,0177	26,0763	25,2029	25,6585	25,6131	25,8625	23,7819	25,3798	25,5388	25,2232	26,1976	25,7740	24,2906	25,6067	25,9410	25,4778	25,2576	26,0359
1,9	24,8338	24,2926	25,7842	25,7043	25,1743	25,8339	25,3250	25,2006	25,1410	26,0493	25,9345	24,8901	25,7650	25,8139	25,7695	26,0944	25,5135	25,2325	24,7119	25,6303	25,7062
1,95	25,8007	25,7436	25,3075	24,6602	25,5051	24,8311	25,0005	25,9736	26,1246	25,3600	26,0381	25,7917	23,3310	25,5561	24,8243	23,8409	25,8603	25,8037	25,7568	25,8078	25,4886
2	25,9409	26,0711	25,5594	25,5545	25,6479	25,6116	25,8984	23,8822	23,8438	26,1989	24,8809	25,5651	25,9369	25,3279	25,9055	25,5563	25,4874	25,8058	24,9510	25,6097	25,7012

w = 0,8

	WPBS																			
WGBS	1	1,05	1,1	1,15	1,2	1,25	1,3	1,35	1,4	1,45	1,5	1,55	1,6	1,65	1,7	1,75	1,8	1,85	1,9	
1	26,0090	25,9714	26,0086	26,0284	25,5896	25,9408	25,6654	25,8844	26,1318	25,8890	26,0734	26,1708	26,0831	26,2851	26,0340	26,3161	25,9780	25,2543	25,9101	26,
1,05	25,7299	25,7433	25,8867	24,3079	25,6019	26,0891	25,4900	26,0850	26,0953	26,1951	26,2495	25,7453	26,2401	25,5159	24,7844	25,7094	26,1528	26,2437	24,1142	26,
1,1	25,7071	25,7156	25,6063	26,0619	26,0466	25,9470	25,5460	25,9615	25,8698	26,1311	24,4404	24,7482	25,2335	25,8245	25,5435	25,9086	25,8830	25,9172	25,7583	26,
1,15	25,5775	26,1916	25,2113	24,6287	25,9738	25,3831	25,7412	25,6062	25,8099	25,8562	25,6002	25,7612	25,6854	25,8522	25,5157	25,1846	26,0439	25,6283	25,2977	25,
1,2	25,7951	26,0774	25,7926	24,4026	25,8163	25,4890	26,1225	26,1032	25,8962	25,1229	25,8417	25,6188	25,6746	25,7515	24,7382	26,1065	25,6098	25,7015	26,0268	25,
1,25	25,5713	25,8666	25,3112	25,5096	24,8961	25,6602	24,0925	25,8304	24,9207	24,2070	24,7472	26,1109	24,8563	26,1075	25,4545	25,2191	25,6973	25,4963	26,1976	25,
1,3	25,2052	24,7641	25,5643	25,7899	25,8015	24,8223	25,3345	25,5066	25,9031	22,9391	25,9028	25,4395	25,7264	25,5442	25,8462	24,7846	24,5040	25,6136	25,2445	24,
1,35	25,0599	25,1570	25,3472	25,4560	25,3964	23,9950	24,3234	24,6396	25,5073	24,2800	25,2161	25,3634	25,7917	25,7477	25,4122	25,7184	24,7563	25,6756	25,5564	25,
1,4	25,4604	24,3269	23,8102	25,7898	25,6398	24,6570	25,5175	25,4835	25,9545	25,6755	25,8982	24,9925	24,8273	25,0180	24,3642	25,6569	25,3418	25,3434	25,5555	24,
1,45	25,8422	25,7983	25,1507	25,5401	26,0779	25,3401	24,6797	25,6270	24,0675	25,9484	25,4532	25,2108	24,8767	25,2206	25,1940	25,2566	25,1676	24,3501	25,2153	25,
1,5	24,9755	25,3662	25,3582	25,2461	25,3218	24,1152	25,3892	24,8911	24,9691	24,7498	25,3606	24,9749	25,4054	23,7691	25,3192	25,2844	25,0469	24,2867	25,7817	25,
1,55	25,4403	25,1769	25,4938	24,7082	25,3816	25,7029	25,2246	24,8086	25,3608	25,4814	24,4832	25,0761	23,9823	25,4240	24,7181	25,8761	25,2363	25,1242	25,5116	25,
1,6	24,9642	25,2023	24,2754	25,1864	24,7901	25,3405	25,9708	25,6169	23,5248	24,9385	25,3884	25,1806	25,7949	24,9224	25,2093	24,9872	24,7237	25,6028	25,6679	25,
1,65	23,7921	25,5804	25,8246	25,0819	24,1567	25,1659	25,4950	25,5546	25,2041	24,8143	24,6933	25,4380	24,8646	23,1283	25,5186	24,9190	24,6274	25,0188	26,0009	24,
1,7	24,8427	24,8619	23,9195	24,3948	24,8647	25,5208	24,8190	24,9905	26,1508	24,0550	24,3635	25,3363	23,7322	24,2740	24,9992	25,0552	23,7246	24,5732	25,4362	24,
1,75	24,7253	25,0656	22,2876	25,1476	24,8307	25,3864	25,2429	24,8485	25,7349	23,4634	24,1490	24,5075	25,7340	25,4488	23,9263	23,3901	25,0512	25,0133	25,4614	25,
1,8	23,0009	25,0689	25,8438	25,5093	25,3331	24,9655	25,0831	23,3566	24,9568	25,9888	23,7296	25,2495	23,6370	25,5311	24,2477	25,2478	24,9133	24,9197	25,1144	25,
1,85	24,8715	24,6010	24,3631	24,1883	25,5777	25,0797	25,2219	24,9571	24,1421	23,1601	24,7201	24,1086	24,2105	24,4084	24,5047	24,5050	24,7915	25,3118	24,3873	25,
1,9	24,5590	25,1214	25,9033	24,9985	25,5107	24,2119	22,8766	25,3095	25,3105	24,0738	24,5108	22,8386	24,6849	22,9818	24,8781	24,8048	23,6174	25,1842	24,6773	25,
1,95	24,6499	25,0564	23,4977	23,7858	24,7632	24,8797	25,5898	23,2689	25,2950	24,7619	24,8944	24,1867	23,4732	24,7842	25,2693	24,1025	24,0187	25,0907	25,3331	24,
2	24,8464	24,5857	24,0578	24,7676	23,5555	24,8465	25,3689	25,4500	24,5229	24,9548	24,6504	24,1659	24,7057	24,8373	24,6215	24,7643	25,1014	23,2459	23,6360	24,

w = 0,9

	WPBS																				
WGBS	1	1,05	1,1	1,15	1,2	1,25	1,3	1,35	1,4	1,45	1,5	1,55	1,6	1,65	1,7	1,75	1,8	1,85	1,9	1,95	2
1	24,9275	25,2549	25,5037	23,6740	25,0544	25,0434	25,2069	24,5449	25,1827	24,2497	23,3096	24,2055	25,0228	25,1932	24,2388	25,6710	25,5424	24,9295	25,1308	24,3899	24,1640
1,05	24,1171	23,0200	25,0935	23,6247	25,1840	24,0767	25,6365	22,4226	25,3015	24,3262	24,9577	24,9514	24,3328	25,2640	23,2056	25,7056	24,5087	24,7321	24,5100	24,8661	24,0869
1,1	24,1052	23,6480	25,3556	23,2276	25,4581	24,9017	24,9683	25,3870	24,9165	24,5440	25,2377	24,9862	24,5669	23,4384	25,2425	24,3136	25,2078	24,1961	25,2049	24,0271	25,1200
1,15	24,4297	24,8137	23,2624	24,1932	25,4025	23,3812	24,4363	24,1799	23,6484	25,0464	22,4732	24,7629	24,1676	25,0639	24,9443	24,2602	25,0095	23,9586	25,0333	24,3082	24,3284
1,2	24,5798	23,9432	25,2918	24,9985	22,9008	24,0432	24,2127	22,9381	25,0881	24,2406	24,9337	23,8406	24,7474	24,0434	24,1788	25,2428	24,2316	23,0328	25,1929	22,9173	24,2032
1,25	25,4472	24,8191	23,1344	25,0974	25,0345	24,6861	24,6405	24,1932	24,9680	23,7044	24,4211	24,6472	24,7831	24,1100	24,7366	24,4648	24,8102	24,0172	25,1669	23,5858	24,7300
1,3	22,6725	24,7131	24,6498	24,3570	23,2026	24,6253	25,3241	23,6260	24,8653	24,4026	23,8143	24,3078	24,2974	24,2728	24,3628	24,8199	24,6608	25,3376	24,8545	25,3311	25,0317
1,35	22,8006	24,6304	23,8996	25,4437	24,3652	23,8230	24,5381	24,5824	24,3182	24,1389	24,3184	23,4928	24,7823	24,5854	24,5703	24,8963	24,9666	25,2285	24,6945	24,0554	23,8380
1,4	25,0060	24,1897	24,1263	24,7991	24,9356	24,1614	24,8443	24,4542	25,1744	23,8835	21,9505	24,5410	24,8255	24,8037	24,1331	24,4632	24,6853	23,6166	23,4679	24,9277	24,8092
1,45	24,6190	24,8167	25,3878	24,5291	24,7687	24,2665	24,5458	24,3605	23,7090	25,0957	24,7170	24,7038	23,5771	24,3730	24,7711	23,1096	24,2861	24,7572	24,7049	23,3437	24,1174
1,5	23,9775	23,9814	24,2861	24,6145	25,2338	24,4286	24,2274	23,8345	24,1465	24,7878	23,6851	25,4023	23,8696	23,0022	24,5282	25,0627	25,4245	25,3114	24,2887	24,2200	24,8333
1,55	22,7341	24,8401	24,5303	24,8636	23,7423	23,5605	24,5504	23,2510	24,7753	24,4223	24,4902	24,4749	23,9724	24,4073	24,7016	24,2622	22,1494	23,8773	21,5639	24,3562	23,3427
1,6	23,5153	21,2686	23,1803	22,8524	24,1390	25,3525	24,3943	23,6565	24,6818	24,6520	23,9351	22,9590	24,7903	25,0045	24,3882	23,3975	24,3791	24,2437	23,6283	24,3643	24,0655
1,65	24,9203	23,1245	23,9955	24,5120	25,3614	24,3345	23,9811	24,1285	24,3139	24,0268	23,7089	24,8146	23,9774	24,7782	23,8240	22,4934	24,4682	24,5474	24,3540	24,4696	24,9711
1,7	23,3107	24,6425	24,6095	24,1134	24,1970	24,1809	23,5156	22,3360	24,3836	24,3394	23,1600	23,9859	23,4963	23,9945	23,4038	25,3037	24,1319	23,6118	22,8525	24,4390	24,2650
1,75	24,9321	24,0568	24,4429	24,2597	21,8629	24,0538	23,4574	24,4311	24,2575	25,0419	24,7021	24,7018	23,6383	24,1830	23,8726	24,2299	23,6135	24,6456	23,9303	23,6311	23,0858
1,8	23,2981	23,9890	23,2002	23,9271	22,6448	24,4352	22,3995	23,7146	24,0148	23,3137	24,0406	23,8841	24,2387	24,1372	24,2535	24,3807	24,1451	23,9458	23,2908	23,1586	23,9225
1,85	24,8279	23,6161	23,1460	23,2298	22,9018	24,3340	24,1412	24,8352	22,8841	22,1930	25,2703	23,0050	23,5932	24,1664	23,9224	24,0457	22,9205	24,0770	23,2293	22,6689	23,5597
1,9	24,1016	23,9256	24,1365	24,4588	23,7943	21,8979	22,6624	23,5570	23,5364	24,1016	22,5333	24,7676	23,2535	24,7435	23,4491	23,0324	23,5254	24,0203	23,0090	23,8569	23,1672
1,95	24,3016	24,3008	23,4289	23,7527	23,5671	23,3384	22,9671	23,3976	21,2455	24,6397	24,3923	24,1801	25,0094	23,6281	22,6450	23,0544	23,8755	23,8141	25,4732	23,5855	24,3784
2	25,0339	23,5499	23,2287	22,6938	22,9877	23,7873	23,5598	23,5479	24,2592	23,2262	23,5439	25,1182	24,6622	23,7038	24,0840	24,0138	23,3442	23,4919	21,5748	23,8358	23,7235

w = 1,0

	WPBS																				
WGBS	1	1,05	1,1	1,15	1,2	1,25	1,3	1,35	1,4	1,45	1,5	1,55	1,6	1,65	1,7	1,75	1,8	1,85	1,9	1,95	2
1	23,6704	21,5601	22,3080	23,5454	24,2670	22,4562	21,5413	22,6201	25,0865	23,7798	24,0362	23,0403	23,8735	22,4845	24,3472	24,1747	22,9324	23,4520	22,5140	23,0836	24,5312
1,05	23,5681	23,0164	21,4956	22,9863	23,9975	23,3884	22,0433	22,1821	24,4299	21,9256	23,0796	23,3338	23,6984	24,2456	23,2967	23,2641	23,0243	23,4942	23,9132	21,1558	23,4011
1,1	22,8301	22,6616	23,1962	24,2720	22,8420	22,2480	23,5879	21,8271	23,0337	23,3653	23,7719	22,6668	22,4593	23,8942	22,9448	23,4874	23,6659	23,7861	22,4819	23,2232	24,0968
1,15	21,7959	23,3258	23,3823	23,7351	23,3444	21,8386	22,9927	23,2533	21,3975	23,0309	23,7566	22,1715	22,6546	21,9707	22,0817	23,6103	22,6906	24,4668	23,6177	22,3910	23,7611
1,2	22,6593	22,9532	22,8102	22,4530	23,3190	22,9324	21,7039	23,1564	23,8101	22,0725	23,3726	22,5063	23,8828	22,5490	23,5617	23,4634	22,6969	23,9477	22,8568	23,2865	22,2958
1,25	22,9309	23,0337	23,0242	24,9862	23,3946	22,6541	23,5547	22,6408	22,2828	23,4599	22,9743	22,1691	23,3980	22,6451	22,7616	23,0385	23,7240	22,9499	21,7681	23,4548	22,9431
1,3	22,0795	22,6631	22,5751	22,7894	23,4788	24,6838	22,7915	22,5779	23,2546	22,7452	23,6381	22,8328	21,7578	24,2385	22,4830	22,7368	22,5706	23,3543	22,7517	22,3282	22,1630
1,35	22,5819	24,3561	21,6491	23,2567	22,8975	23,3785	23,1929	21,9602	22,9852	22,2351	22,3473	23,7171	22,8192	22,7257	23,5903	25,0927	23,6449	22,6746	22,4753	22,4099	23,7025
1,4	22,6904	22,9003	23,0221	21,6794	22,9420	22,0812	22,5663	22,8635	21,2275	22,5063	24,3462	21,8691	21,9427	23,5672	22,8874	22,0642	23,2204	23,0327	22,7277	23,5311	21,7040
1,45	23,6771	23,2248	23,2027	22,8226	23,1442	23,4830	23,1380	22,8241	23,5143	23,6398	23,3299	22,4586	22,5397	23,0729	22,7890	22,5553	23,2334	22,3390	23,0298	23,7591	22,9798
1,5	22,4646	23,6932	21,5689	22,9618	23,4232	24,3080	22,3671	21,0391	23,1714	23,2949	23,7715	21,3635	23,3636	22,0529	22,9263	23,1582	21,7409	22,8502	22,0773	22,8829	22,0836
1,55	22,5814	23,8279	22,0725	23,1538	21,8779	22,1110	24,3209	22,1514	20,6041	21,7541	23,4701	21,8831	23,0128	21,2017	21,2550	22,5505	21,6995	22,2496	23,8019	23,4813	22,7821
1,6	22,7803	22,6023	22,9696	22,3826	22,9854	23,3206	23,1156	23,6687	23,3644	23,3454	21,8582	23,6457	22,5944	22,8955	23,3035	21,5615	22,5451	24,4769	22,4218	22,7458	22,8724
1,65	21,6495	21,8267	23,3196	21,7227	23,5533	22,1827	23,2916	20,8813	21,7997	20,8455	22,4252	23,3895	22,7879	23,2372	21,7153	21,9511	22,1772	22,4710	21,5972	21,8164	22,4737
1,7	21,8711	23,6931	23,2585	22,8208	20,8369	21,1102	23,6825	23,8070	22,3570	21,5493	22,4352	23,2147	22,7817	22,6122	22,2529	21,9924	22,3207	22,2411	23,8232	22,8107	21,4153
1,75	22,8629	23,0781	22,6245	22,1953	22,6401	21,6775	21,7490	21,6056	22,4364	22,1201	20,1783	23,2151	21,9630	23,3676	22,4903	22,9913	22,2282	22,6463	21,0077	22,3495	21,2542
1,8	23,0786	22,7989	21,0454	22,3242	22,0906	22,6580	23,5284	22,5568	20,5465	23,0663	22,7673	22,7060	22,6854	23,6790	22,7446	22,7752	22,6856	22,4201	23,1344	22,2649	22,4034
1,85	22,1413	21,8902	21,1937	21,8681	22,3851	20,2095	21,9646	23,0069	20,0100	23,7154	22,0738	21,7519	23,8832	22,5824	21,6084	22,0592	19,1071	20,6976	23,2281	22,4981	23,5553
1,9	21,9301	21,7056	20,9823	22,8444	22,2881	22,6751	20,6919	22,5210	23,2253	21,8923	22,2936	22,6715	22,9017	22,6136	21,8413	20,3930	23,1746	20,3238	22,0337	22,1097	20,6860
1,95	21,4098	22,6156	21,9335	19,4828	19,2437	22,5516	22,3102	22,4176	22,6315	23,3136	22,6092	22,1595	22,6987	22,3991	22,1091	21,1754	22,7448	22,3785	23,4405	22,8723	22,0028
2	20,5294	21,6503	20,9894	20,8582	23,3580	21,5921	21,1138	20,0675	22,3585	22,7945	23,0241	24,8875	22,8735	20,9613	22,0638	22,8224	21,5105	21,8915	21,7983	23,0044	22,2724

Anhang 6: Graphische Darstellung der berechneten, mittleren Zielfunktionswerte für die einzelnen c-Kombinationen bei w=1

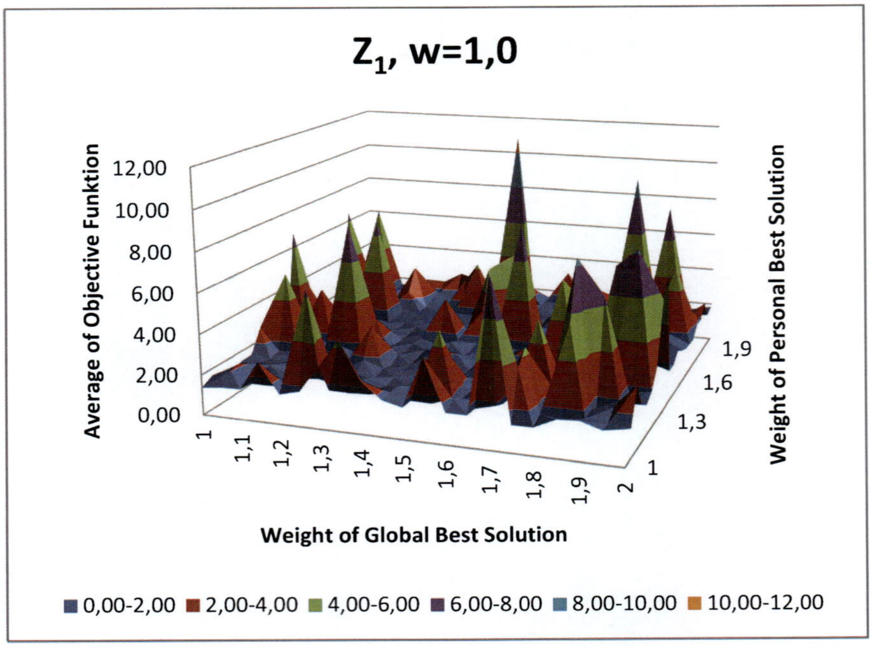

Anhang 7: w=0,4-Kombinationen der 50 multikriteriell besten Kombinationen

w	c_g	c_p	w	c_g	c_p
0,4	1,85	1,05	**0,4**	2	1,3
0,4	1,95	1,35	**0,4**	1,6	1,6
0,4	1,8	1,45	**0,4**	1,6	1,55
0,4	1,85	1,55	**0,4**	2	1,1
0,4	1,9	1,05	**0,4**	1,9	1,3
0,4	1,95	1,3	**0,4**	1,8	1,25
0,4	1,85	1,15	**0,4**	1,7	1,05
0,4	1,95	1,15	**0,4**	1,75	1,7
0,4	1,95	1,05	**0,4**	1,65	1,6
0,4	1,75	1,15	**0,4**	1,7	1,45
0,4	1,9	1,25	**0,4**	1,75	1,3
0,4	1,9	1,4	**0,4**	1,85	1,2
0,4	1,95	1,25	**0,4**	1,7	1
0,4	2	1,35	**0,4**	1,85	1,25
0,4	1,85	1,45	**0,4**	1,9	1,55
0,4	1,7	1,4	**0,4**	1,8	1,35
0,4	1,95	1,2	**0,4**	1,85	1,1
0,4	1,9	1,35			

Anhang 8: w=0,5-Kombinationen der 50 multikriteriell besten Kombinationen

w	w_g	w_p
0,5	1,3	1,25
0,5	1,45	1,1
0,5	1,65	1,05
0,5	1,3	1,35
0,5	1,65	1,1
0,5	1,55	1,15
0,5	1,35	1,15
0,5	1,65	1
0,5	1,45	1,3
0,5	1,8	1
0,5	1,4	1,25
0,5	1,45	1,05

Anhang 9: Vergleich der Häufigkeiten bei den monokriteriellen Zielfunktionen für die verschiedenen maximalen Vektorlängen

V_{max}=10%

Z_1:

Klasse	*Häufigkeit*
17,4285	297
20	1196
30	1325
und größer	2033

Z_2:

Klassen (in Funken/mm)	*Häufigkeit*
0-1,055	1568
1,055-1,1	1120
1,1-1,2	759
und größer	1404

Klassen (in Funken/mm)	*Häufigkeit*
0,01%	510
0,10%	1094
1,00%	453
und größer	2793

Z_3:

Klasse (in µm)	*Häufigkeit*
18	27
22	274
25	1397
und größer	3150

Klasse (in µm)	*Häufigkeit*
<25	1698
25-26,5	2050
26,5-26,6	638
und größer	462

V_{max}=50%

Z_1:

Klasse	*Häufigkeit*
17,4285	187
20	1708
30	954
und größer	2002

Z_2:

Klasse (in Funken/mm)	*Häufigkeit*
1,055	1689
1,1	1061
1,2	438
und größer	1663

Klasse (in Funken/mm)	*Häufigkeit*
0,01%	426
0,10%	1296
1,00%	502
und größer	2627

Z_3:

Klasse (in µm)	*Häufigkeit*
18	608
22	752
25	656
und größer	2835

Klasse (in µm)	*Häufigkeit*
25	2016
26,5	1516
26,6	749
und größer	570

Anhang 10: Vergleich der besten Parameterkombinationen

	Vmax=10%			Vmax=50%		
	w	c_p	c_g	w	c_p	c_g
INACC	0,5	1,15	1,9	0,5	1	1,65
	0,6	1	1,25	0,4	1,3	2
	0,5	1	1,85	0,5	1	1,6
	0,5	1,3	1,85	0,5	1,05	1,75
	0,5	1,2	1,8	0,5	1	1,75
	0,5	1	1,8	0,4	1,35	2
	0,5	1,3	1,95	0,4	1,15	1,95
	0,5	1	1,75	0,4	1,1	2
	0,5	1,1	1,95	0,5	1,05	1,7
	0,5	1,1	1,7	0,4	1,6	2
SPARKS	0,5	1,15	1,75	0,5	1,2	1,85
	0,5	1,3	1,75	0,4	1,1	1,95
	0,5	1,1	1,8	0,5	1,1	1,8
	0,5	1,45	1,65	0,5	1,3	1,8
	0,5	1	2	0,4	1,55	1,9
	0,5	1,3	1,9	0,4	1	1,95
	0,4	1,6	1,95	0,4	1,35	1,9
	0,5	1,25	1,8	0,4	1,35	2
	0,4	1,1	2	0,4	1,55	1,75
	0,5	1,1	2	0,5	1	1,8
REMOVAL	0,5	1,05	2	0,4	1	1,95
	0,5	1	1,75	0,5	1	1,9
	0,5	1	1,8	0,5	1,05	1,75
	0,5	1,35	1,85	0,5	1,25	1,55
	0,5	1,5	1,95	0,5	1,4	1,8
	0,5	1,5	2	0,5	1	1,8
	0,5	1,2	1,6	0,4	1,35	1,95
	0,5	1	1,95	0,5	1,05	1,6
	0,4	1,5	2	0,4	1,2	1,9
	0,5	1,4	1,8	0,4	1,05	1,9
Combined	0,5	1,3	1,25	0,4	1	1,75
	0,4	1,85	1,05	0,5	1,25	1,45
	0,5	1,45	1,1	0,4	1,15	2
	0,5	1,65	1,05	0,4	1,15	1,9
	0,5	1,3	1,35	0,5	1	1,35
	0,4	1,95	1,35	0,5	1,05	1,4
	0,5	1,65	1,1	0,3	1,75	2
	0,4	1,8	1,45	0,4	1,3	1,95
	0,4	1,85	1,55	0,4	1,1	1,8
	0,4	1,9	1,05	0,3	1,8	1,9

Anhang 11: Ergebnisse der Parameter von Rao et al. im Vergleich

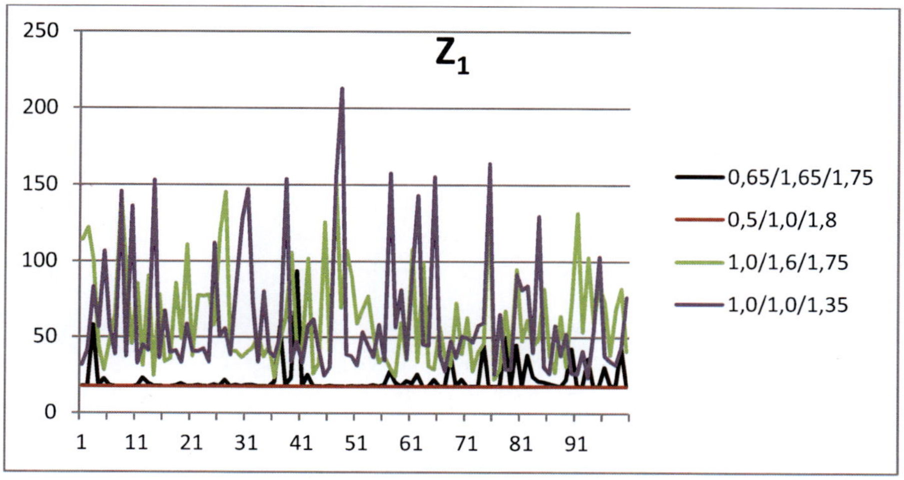

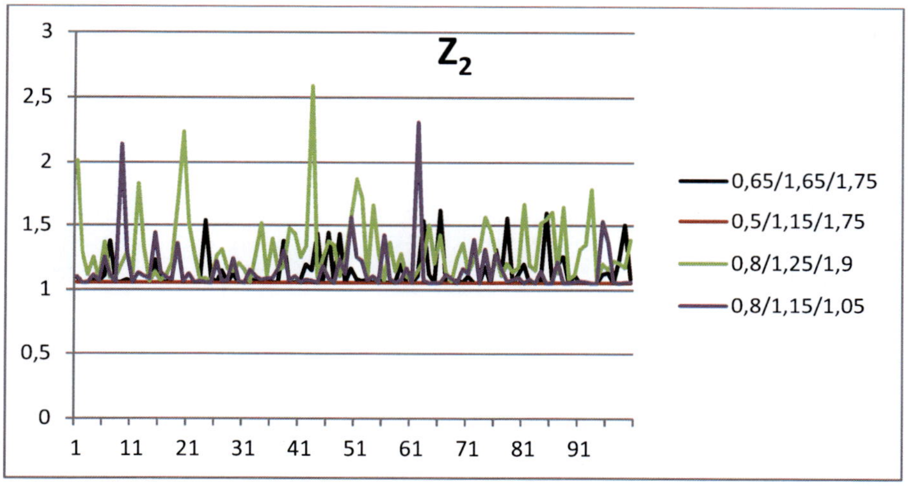

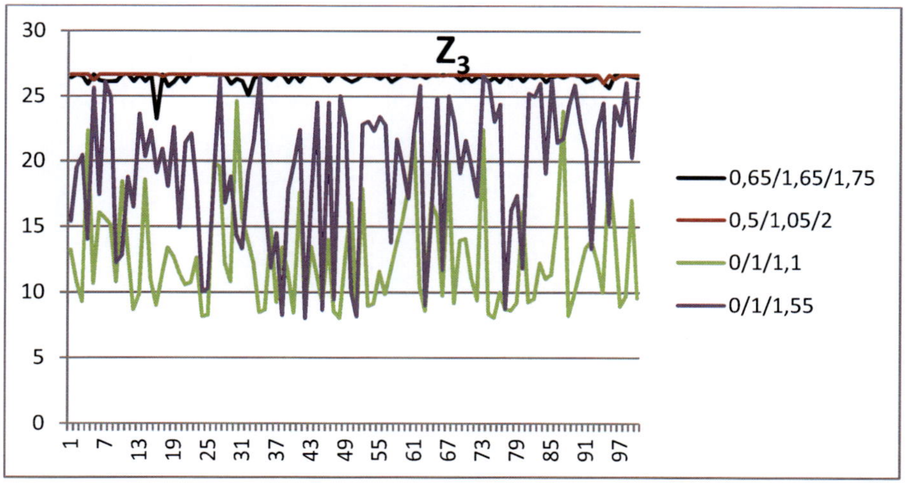

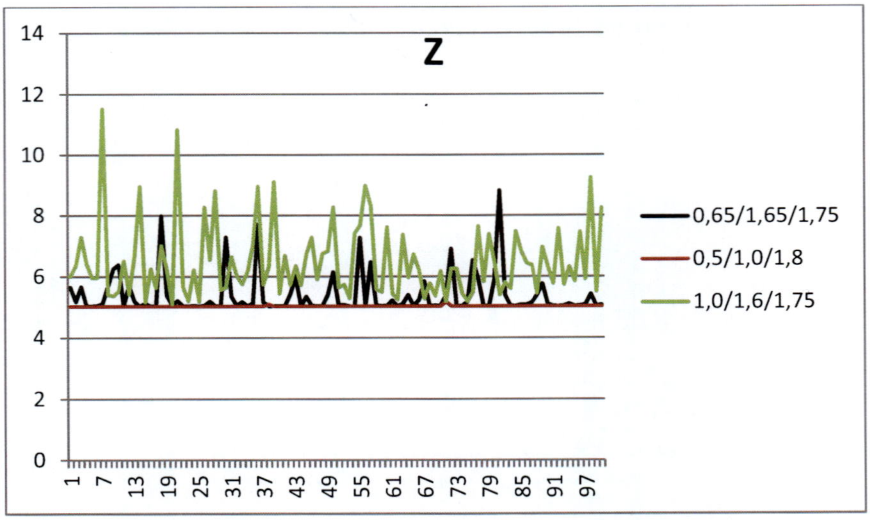

Anhang 12: Kombinationen mit der größten Standardabweichung bei Z

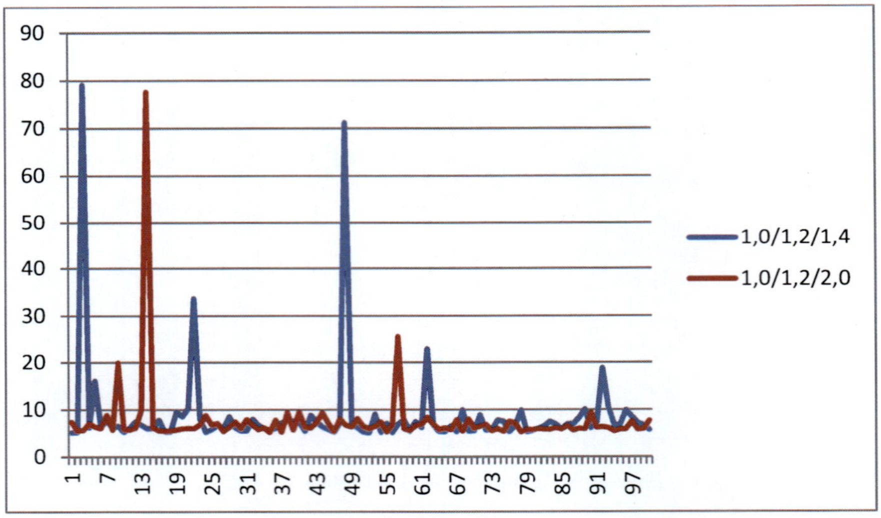